U0187711

· *Relativity, the Special and the General Theory (A Popular Exposition)* ·

为什么相对论及其如此远离日常生活的概念和问题会在广大公众中引起持久而强烈的反响，有时甚至达到了狂热的程度，这一点我从来没有想清楚……迄今为止还没有一个答案能真正使我感到满意。

——爱因斯坦

你和一个漂亮的姑娘在公园长椅上坐一个小时，觉得只过了一分钟；你紧挨着一个火炉坐一分钟，却觉得过了一个小时，这就是相对论。

——爱因斯坦

（爱因斯坦常常这样幽默地向新闻记者和公众解释相对论）

科学元典丛书·学生版

The Series of the Great Classics in Science

主　　编　任定成

执行主编　周雁翎

策　　划　周雁翎

丛书主持　陈　静　张亚如

科学元典是科学史和人类文明史上划时代的丰碑，是人类文化的优秀遗产，是历经时间考验的不朽之作。它们不仅是伟大的科学创造的结晶，而且是科学精神、科学思想和科学方法的载体，具有永恒的意义和价值。

狭义与广义相对论浅说

·学生版·

（附阅读指导、数字课程、思考题、阅读笔记）

[美] 爱因斯坦 著　杨润殷 译　胡刚复 校

图书在版编目(CIP)数据

狭义与广义相对论浅说：学生版/（美）爱因斯坦著；杨润殷译.—北京：北京大学出版社，2021.4
（科学元典丛书）
ISBN 978-7-301-31950-5

Ⅰ.①狭…　Ⅱ.①爱…②杨…　Ⅲ.①狭义相对论—青少年读物②广义相对论—青少年读物　Ⅳ.①O412.1-49

中国版本图书馆 CIP 数据核字（2021）第 005122 号

书　　名	狭义与广义相对论浅说（学生版） XIAYI YU GUANGYI XIANGDUILUN QIANSHUO （XUESHENG BAN）
著作责任者	［美］爱因斯坦 著　杨润殷 译　胡刚复 校
丛书主持	陈　静　张亚如
责任编辑	陈　静
标准书号	ISBN 978-7-301-31950-5
出版发行	北京大学出版社
地　　址	北京市海淀区成府路 205 号　100871
网　　址	http://www.pup.cn　新浪微博：@北京大学出版社
微信公众号	科学元典（微信公众号：kexueyuandian）
电子信箱	zyl@pup.pku.edu.cn
电　　话	邮购部 010-62752015　发行部 010-62750672 编辑部 010-62707542
印 刷 者	北京中科印刷有限公司
经 销 者	新华书店
	787 毫米×1092 毫米　32 开本　7.25 印张　100 千字 2021 年 4 月第 1 版　2021 年 4 月第 1 次印刷
定　　价	38.00 元

弁　言

Preface to the Series of the Great Classics in Science

任定成

中国科学院大学 教授

一

改革开放以来，我国人民生活质量的提高和生活方式的变化，使我们深切感受到技术进步的广泛和迅速。在这种强烈感受背后，是科技产出指标的快速增长。数据显示，我国的技术进步幅度、制造业体系的完整程度，专利数、论文数、论文被引次数，等等，都已经排在世界前列。但是，在一些核心关键技术的研发和战略性产品的生产方面,我国还比较落后。这说明,我国的技术进步赖以依靠的基础研究,亟待加强。为此,我国政府和科技界、教育界以及企业界,都在不断大声疾呼,要加强基础研究、加强基础教育!

那么,科学与技术是什么样的关系呢?不言而喻,科学是根,技术是叶。只有根深,才能叶茂。科学的目标是发现新现象、新物质、新规律和新原理,深化人类对世界的认识,为新技术的出现提供依据。技术的目标是利用科学原理,创造自然界原本没有的东西,直接为人类生产和生活服务。由此,科学和技术的分工就引出一个问题:如果我们充分利用他国的科学成果,把自己的精力都放在技术发明和创新上,岂不是更加省力?答案是否定的。这条路之所以行不通,就是因为现代技术特别是高新技术,都建立在最新的科学研究成果基础之上。试想一下,如果没有训练有素的量子力学基础研究队伍,哪里会有量子技术的突破呢?

那么,科学发现和技术发明,跟大学生、中学生和小学生又有什么关系呢?大有关系!在我们的教育体系中,技术教育主要包括工科、农科、医科,基础科学教育主要是指理科。如果我们将来从事科学研究，毫无疑问现在就要打好理科基础。如果我们将来是以工、农、医为业，现在打好理科基础，将来就更具创新能力、发展潜力和职业竞争力。如果我们将来做管理、服务、文学艺术等看似与科学技术无直接关系的工作，现在打好理科基础，就会有助于深入理解这个快速变化、高度技术化的社会。

我们现在要建设世界科技强国。科技强国"强"在哪里？不是"强"在跟随别人开辟的方向，或者在别人奠定的基础上，做一些模仿性的和延伸性的工作，并以此跟别人比指标、拼数量，而是要源源不断地贡献出影响人类文明进程的原创性成果。这是用任何现行的指标，包括诺贝尔奖项，都无法衡量的，需要培养一代又一代具有良好科学素养的公民来实现。

二

我国的高等教育已经进入普及化阶段，教育部门又在扩大专业硕士研究生的招生数量。按照这个趋势，对于高中和本科院校来说,大学生和硕士研究生的录取率将不再是显示办学水平的指标。可以预期,在不久的将来,大学、中学和小学的教育将进入内涵发展阶段,科学教育将更加重视提升国民素质,促进社会文明程度的提高。

公民的科学素养,是一个国家或者地区的公民,依据基本的科学原理和科学思想,进行理性思考并处理问题的能力。这种能力反映在公民的思维方式和行为方式上,而不是通过统计几十道测试题的答对率,或者统计全国统考成绩能够表征的。一些人可能在科学素养测评卷上答对全部问题,但经常求助装神弄鬼的“大师”和各种迷信,能说他们的科学素养高吗?

曾经,我们引进美国测评框架调查我国公民科学素养,推动“奥数”提高数学思维能力,参加“国际学生评估项目”(Programme for International Student Assessment,简称 PISA)测试,去争取科学素养排行榜的前列,这些做法在某些方面和某些局部的确起过积极作用,但是没有迹象表明,它们对提高全民科学素养发挥了大作用。题海战术,曾经是许多学校、教师和学生的制胜法宝，但是这个战术只适用于衡量封闭式考试效果，很难说是提升公民科学素养的有效手段。

为了改进我们的基础科学教育，破除题海战术的魔咒，我们也积极努力引进外国的教育思想、教学内容和教学方法。为了激励学生的好奇心和学习主动性，初等教育中加强了趣味性和游戏手段，但受到“用游戏和手工代替科学”的诟病。在中小学普遍推广的所谓“探究式教学”，其科学观基础，是20世纪五六十年代流行的波普尔证伪主义，它把科学探究当成了一套固定的模式，实际上以另一种方式妨碍了探究精神的培养。近些年比较热闹的STEAM教学，希望把科学、技术、工程、艺术、数学融为一体，其愿望固然很美好，但科学课程并不是什么内容都可以糅到一起的。

在学习了很多、见识了很多、尝试了很多丰富多彩、眼花缭乱的“新事物”之后，我们还是应当保持定力，重新认识并倚重我们优良的教育传统：引导学生多读书，好读书，读好书，包括科学之书。这是一种基本的、行之有效的、永不过时的教育方式。在当今互联网时代，面对推送给我们的太多碎片化、娱乐性、不严谨、无深度的瞬时知识，我们尤其要静下心来，系统阅读，深入思考。我们相信，通过持之以恒的熟读与精思，一定能让读书人不读书的现象从年轻一代中消失。

三

科学书籍主要有三种：理科教科书、科普作品和科学经典著作。

教育中最重要的书籍就是教科书。有的人一辈子对科学的了解，都超不过中小学教材中的东西。有的人虽然没有认真读过理科教材，只是靠听课和写作业完成理科学习，但是这些课的内容是老师对教材的解读，作业是训练学生把握教材内容的最有效手段。好的学生，要学会自己阅读钻研教材，举一反三来提高科学素养，而不是靠又苦又累的题海战术来学习理科课程。

理科教科书是浓缩结晶状态的科学，呈现的是科学的结果，隐去了科学发现的过程、科学发展中的颠覆性变化、科学大师活生生的思想，给人枯燥乏味的感觉。能够弥补理科教科书欠缺的，首先就是科普作品。

学生可以根据兴趣自主选择科普作品。科普作品要赢得读者,内容上靠的是有别于教材的新材料、新知识、新故事;形式上靠的是趣味性和可读性。很少听说某种理科教科书给人留下特别深刻的印象,倒是一些优秀的科普作品往往影响人的一生。不少科学家、工程技术人员,甚至有些人文社会科学学者和政府官员,都有过这样的经历。

当然,为了通俗易懂,有些科普作品的表述不够严谨。在讲述科学史故事的时候,科普作品的作者可能会按照当代科学的呈现形式,比附甚至代替不同文化中的认识,比如把中国古代算学中算法形式的勾股关系,说成是古希腊和现代数学中公理化形式的“勾股定理”。除此之外,科学史故事有时候会带着作者的意识形态倾向,受到作者的政治、民族、派别利益等方面的影响,以扭曲的形式出现。

科普作品最大的局限,与教科书一样,其内容都是被作者咀嚼过的精神食品,就失去了科学原本的味道。

原汁原味的科学都蕴含在科学经典著作中。科学经典著作是对某个领域成果的系统阐述,其中,经过长时间历史检验,被公认为是科学领域的奠基之作、划时代里程碑、为人类文明做出巨大贡献者,被称为科学元典。科学元典是最重要的科学经典,是人类历史上最杰出的科学家撰写的,反映其独一无二的科学成就、科学思想和科学方法的作品,值得后人一代接一代反复品味、常读常新。

科学元典不像科普作品那样通俗,不像教材那样直截了当,但是,只要我们理解了作者的时代背景,熟悉了作者的话语体系和语境,就能领会其中的精髓。历史上一些重要科学家、政治家、企业家、人文社会学家,都有通过研读科学元典而从中受益者。在当今科技发展日新月异的时代,孩子们更需要这种科学文明的乳汁来滋养。

现在,呈现在大家眼前的这套“科学元典丛书”,是专为青少年学生打造的融媒体丛书。每种书都选取了原著中的精华篇章,增加了名家阅读指导,书后还附有延伸阅读书目、思考题和阅读笔记。特别值得一提的是,用手机扫描书中的二维码,还可以收听相关音频课程。这套丛书为学习繁忙的青少年学生顺利阅读和理解科学元典，提供了很好的入门途径。

四

据2020年11月7日出版的医学刊物《柳叶刀》第396卷第10261期报道，过去35年里，19岁中国人平均身高男性增加8厘米、女性增加6厘米，增幅在200个国家和地区中分别位列第一和第三。这与中国人近35年营养状况大大改善不无关系。

一位中国企业家说，让穷孩子每天能吃上二两肉，也许比修些大房子强。他的意思，是在强调为孩子提供好的物质营养来提升身体素养的重要性。其实，选择教育内容也是一样的道理，给孩子提供高营养价值的精神食粮，对提升孩子的综合素养特别是科学素养十分重要。

理科教材就如谷物，主要为我们的科学素养提供足够的糖类。科普作品好比蔬菜、水果和坚果，主要为我们的科学素养提供维生素、微量元素和矿物质。科学元典则是科学素养中的“肉类”，主要为我们的科学素养提供蛋白质和脂肪。只有营养均衡的身体,才是健康的身体。因此,理科教材、科普作品和科学元典,三者缺一不可。

长期以来,我国的大学、中学和小学理科教育,不缺“谷物”和“蔬菜瓜果”,缺的是富含脂肪和蛋白质的“肉类”。现在,到了需要补充“脂肪和蛋白质”的时候了。让我们引导青少年摒弃浮躁,潜下心来,从容地阅读和思考,将科学元典中蕴含的科学知识、科学思想、科学方法和科学精神融会贯通,养成科学的思维习惯和行为方式,从根本上提高科学素养。

我们坚信,改进我们的基础科学教育,引导学生熟读精思三类科学书籍,一定有助于培养科技强国的一代新人。

2020 年 11 月 30 日

北京玉泉路

目　　录

中篇　狭义与广义相对论浅说

下篇　学习资源

上　篇

阅读指导

Guide Readings

李醒民

中国科学院大学 教授

爱因斯坦的“幸运年”—为有源头活水来—惊奇·沉思·突破—狭义相对论的创立—广义相对论的创立—爱因斯坦一夜爆红—《狭义与广义相对论浅说》是写给谁看的

爱因斯坦的“幸运年”

爱因斯坦是20世纪最伟大的科学家、思想家和“大写的人”。

作为科学家，他是19世纪和20世纪之交物理学革命的发动者和主将，是现代科学的奠基者和缔造者。他的诸多科学贡献都是开创性的和划时代的。按照现今的诺贝尔科学奖评选标准，他至少应该荣获五六次物理学奖，比如，狭义相对论，布朗运动理论，光量子理论，质能关系式，广义相对论，以及固体比热的量子理论，受激辐射理论，玻色一爱因斯坦统计，宇宙学等等，爱因斯坦在这些领域都做出过巨大贡献。

那么，在物理学家心目中，爱因斯坦的威望和位置究竟如何呢？据说，1999年12月，英文版《物理学世界》杂志，在世界第一流物理学家中，做了一次民意测验，询问在物理学中做出最重要贡献的五位物理学家的名字。在收到的名单上,共有 61 位物理学家被提及。爱因斯坦以 119 票高居榜首,牛顿紧随其后得 96 票。麦克斯韦 67 票,玻尔 47 票,海森伯 30 票,伽利略 27 票,费曼 23 票,狄拉克 22 票,薛定谔 22 票,出现在前 10 名中。在 130 位调查对象中,只有一人提名斯蒂芬·霍金——要知道,他可是当今全球知名度最高的科学家啊!

作为思想家,爱因斯坦的开放的世界主义、战斗的和平主义、自由的民主主义、人道的社会主义为标志的社会政治哲学,以及远见卓识的科学观、别具只眼的教育观、独树一帜的宗教观,无一不是人类宝贵的思想遗产,它们将会成为 21 世纪"和平与发展"主旋律中的美妙音符,永远充当社会进步和文明昌盛的助推器。

爱因斯坦作为一个"大写的人",他对生命的价值和人生意义的理解,他对真善美的不懈追求,他的独立的人格、仁爱的人性和高洁的人品,这一切形成了他的丰盈的人生哲学和道德实践,成为人类高山景行的楷模,和人的自我完善的强大的精神力量。

2005 年,是爱因斯坦创立狭义相对论 100 周年和逝世50周年，联合国不失时机地把2005年定为“国际物理年”，德国、瑞士等国家也把2005年定为“爱因斯坦年”，以表达对爱因斯坦的纪念。

那么，这一切还得从1905年开始说起。

1905年，是爱因斯坦的“幸运年”。这一年，晴空响霹雳，平地一声雷——26岁的爱因斯坦在德国《物理学杂志》第17卷，同时发表了著名的三篇论文。当时，他还是瑞士伯尔尼专利局的一名默默无闻的小职员，学历也只是大学本科。

第一篇论文《关于光的产生和转化的一个启发性的观点》，即光量子论文，写于1905年3月。爱因斯坦在论文中，大胆提出了光量子假设，这个假设就是：从点光源发出来的光束的能量，在传播中不是分布在越来越大的空间中，而是由个数有限的、局限在空间各点的能量子所组成；这些能量子能够运动，但不能再分割，只能整个地吸收或产生出来。

从这一假设出发，爱因斯坦讨论和阐释了包括光电效应在内的9个具体问题。这篇论文的确是“非常革命的”，它使沉寂了4年之久的普朗克的辐射量子论得以复活,并拓展到光现象的研究之中。它直接导致了 1924 年德布罗意物质波概念的提出,以及 1926 年薛定谔波动力学的诞生。

第二篇论文《热的分子运动论所要求的静液体中悬浮粒子的运动》,即布朗运动论文,写于 1905 年 5 月。这篇论文指出,古典热力学对于可用显微镜加以区分的空间,不再严格有效,并提出测定原子实际大小的新方法。这直接导致佩兰 1908 年的实验验证,从而给世纪之交,关于原子实在性的旷日持久的论争,最终画上句号。

第三篇论文《论动体的电动力学》,即狭义相对论论文,写于 1905 年 6 月。这篇论文并非起源于迈克尔逊—莫雷实验。它通过引入狭义相对性原理和光速不变原理两个公理,以及同时性的定义,从而推导出长度和时间的相对性,一举说明了诸多现象。

紧接着,在 1905 年 9 月,爱因斯坦又完成了题目为《物体的惯性同它所含的能量有关吗?》的论文。这篇不足 3 页的论文,通过演绎,成功地导出了质能关系式

$E=mc^2$,得出“物体的质量是它所含能量的量度”的结论,从而叩开了原子时代的大门。

狭义相对论的提出,是物理学中划时代的事件。它使力学和电动力学相互协调,变革了传统的时间和空间概念,揭示了质量和能量的统一,把动量守恒定律和能量守恒定律联结起来。它与10年之后,爱因斯坦创立的广义相对论,在科学史上矗立了一座巍峨而永恒的丰碑,全面打开了物理学革命的新局面。

德国著名物理学家、诺贝尔物理学奖获得者海森伯曾经评价道:

> 在科学史上,以往也许从来没有过一个先驱者,像爱因斯坦和他的相对论那样,在他在世时为那么多的人所知道,而他一生的工作,却只有那么少的人能够懂得。然而,这个名声是完全有理由的。因为有点像艺术领域中的达·芬奇或者贝多芬,爱因斯坦也站在科学的一个转折点上,而他的著作率先表达出了这一变化的开端。因此,看来好

像是他本人发动了，我们在本世纪[1]上半期所目睹的这场革命。

爱因斯坦的这几篇论文，是在数周之内一气呵成的。当时他只是瑞士伯尔尼专利局一名默默无闻的小职员。

那么，这个奇迹是怎样发生的呢？

---

① 指 20 世纪。——编辑注

为有源头活水来

现在，学术界一般认为，爱因斯坦创立相对论，是通过两个渠道吸收了前人丰富的思想财富：一是通过德国物理学家赫兹等人的著作掌握了电磁理论，受到了启迪；特别是德国科学家弗普尔的教科书，无论从内容还是形式方面，都给爱因斯坦以极大的教益。二是从奥地利科学家马赫、英国哲学家休谟、法国科学家彭加勒等人的著作中，掌握了批判思想，彻底摆脱了绝对时空的束缚。

据美国科学史家、爱因斯坦研究专家霍耳顿考证，弗普尔于1894年出版的《麦克斯韦电理论导论》一书，直接影响了爱因斯坦的思考过程，从而导致了1905年的论文。

由于弗普尔具有把麦克斯韦理论清楚地讲解给工

程技术人员的能力,所以他的《麦克斯韦电理论导论》一书很畅销。这本书分为六个部分,其中第五部分特别有趣。这部分的题目是“运动导体的电动力学”,它的第一章是“由运动而引起的电动力感应”,第一章中的第一节是“空间中的相对运动和绝对运动”。

开篇是以一大段异乎寻常的议论开始的:

运动学,即运动的一般理论的讨论,通常基于下述公理:在物体的相互关系上,只有相对运动是有意义的。在这里,不能求助于空间中的绝对运动。因为,手头如果没有观察和度量这种运动的参照对象,那么要发现这种运动就毫无意义。……根据麦克斯韦理论和光学理论,空洞的空间实际上根本不存在,即使所谓的真空也充满了以太介质……没有“以太”这一内容的空间概念,是自相矛盾的说法,这就像没有树木的森林那样不可思议。完全空洞的空间概念,根本不会受到可能的经验的支配;或者换句话说,我们必须首先对这种空间概念,做出深刻的修正;这种空间概念,在它的原来的发展时期，给人类思想打上了烙印。解决这一疑问，也许成为当代科学最重要的问题。

弗普尔在这里，虽然并没有准备放弃以太或绝对运动，但他了解物理学最重要的问题在什么地方，这无疑对爱因斯坦是一种启示。弗普尔以同样的方式继续写道：

> 当我们在下面利用相对运动的运动学定律时，我们必须谨慎地进行。我们没有必要把这种使用，当作一种先验的确立的东西。例如，不管磁铁在一个静止的电路附近运动，或者当磁铁处于静止而电路运动，定律的使用都是完全相同的。

弗普尔还加上一个颇为熟悉的理想实验，他设想了第三种情况——导体和磁铁两者一起运动，它们之间没有相对运动。他说，在这种情况下，实验表明，“绝对运动”本身在磁铁和电路无论哪一个上，也不产生电力或磁力。这种理想实验足以表明，在原来两种情况中考虑的，只是相对运动。

这一切，无疑对爱因斯坦具有极大的吸引力。事实上,就 1905 年论文的形式和风格而言,弗普尔思想的影响,远比其他人更大,爱因斯坦 1905 年的论文,就是以上述理想实验开始的。弗普尔的书给了爱因斯坦以具体指导,有助于爱因斯坦思路的展开,使他采取了一种大异其趣的方式,这种方式既不同于学校传授给他的,也不同于第一流物理学家著作中所使用的。凡是看过爱因斯坦原始论文的人都不难发现,论文在构思 、形式、风格上,都与弗普尔的书有某些相似之处。当然,这并不是说,在弗普尔的思想与爱因斯坦的相对论之间,存在着一种简单的因果链条。

另一方面,对哲学和认识论的研究,也极大地促进了爱因斯坦相对论的创立。在学生时代,爱因斯坦就对哲学兴味盎然。1902 年 3 月下旬,他与新结识的朋友索洛文,和早些时候认识的朋友哈比希特,经常利用晚上举行聚会——他们诙谐地称这种聚会为“奥林匹亚科学院”。他们一起讨论各种感兴趣的问题。

在探讨科学和哲学最深奥的问题时,他们兴致极浓、劲头十足,往往引起长时间的热烈争论。这种聚会一直持续到 1905 年 11 月,使爱因斯坦获益匪浅。

在此期间，他们讨论了休谟的《人性论》、马赫的《力学史评》、彭加勒的《科学与假设》，以及其他人的有关著作。

其中，休谟的时空观念，对爱因斯坦具有直接的影响。休谟认为，空间观念是建立在对象的排列基础上，这种对象是可触知的；而时间观念是建立在对象的连续的基础上，这种对象是能够变化的，可觉察的。

至于马赫对爱因斯坦创立相对论的影响，主要是帮助爱因斯坦扫除了机械自然观，和力学先验论的思想障碍，认识到牛顿的绝对时间和绝对空间等概念，已经不适应科学的发展。

特别是彭加勒的《科学与假设》一书，给他们的印象极深。他们用好几个星期紧张地读完了这本书。彭加勒的科学思想和批判精神，对爱因斯坦必定有所启示和激励。

惊奇·沉思·突破

相对论的创立并非一蹴而就。1952年,爱因斯坦这样回忆道:

> 在狭义相对论的思想和相应的结果发表之间,大约经过了五六周时间。但是,如果把这认为是诞生的日期,也许很难说是正确的,因为早在几年前,论据和建筑材料就已经准备好了,虽然那时我还没有下根本的决心。

的确,有关狭义相对论的思想,在爱因斯坦的头脑里足足酝酿了10年。他后来回忆了自己思想的发展过程。

爱因斯坦从小就具有强烈的好奇心。在他四五岁时,父亲让他看一个罗盘,他注意到,无论他把罗盘转到哪个方向,磁针都是对准南北方向。小爱因斯坦对这个现象惊奇不已，留下了深刻而持久的印象。

在12岁时，一本欧几里得平面几何的小书，使他经历了另一种性质完全不同的惊奇：书中的许多定理并非显而易见，却能够可靠地加以证明，没有丝毫怀疑的余地。爱因斯坦后来回忆说：

> 这种"惊奇"似乎只是，当经验同我们的充分固定的概念世界，有冲突时才会发生。每当我们尖锐而强烈地经历这种冲突时，它就会以一种决定性的方式，反过来作用于我们的思维世界。这个思维世界的发展，在某种意义上说，就是对'惊奇'的不断摆脱。

爱因斯坦15岁时，有一位来自波兰的犹太大学生，向他介绍了《自然科学通俗读本》一书。尽管这本书的内容已显陈旧，但丰富的材料和生动的叙述，仍使他入神地读完了它。在这本书中，他碰到了对光速这一自然现象的分析，这对他在11年之后创立狭义相对论，具有奠基性的意义。

1895年，当16岁的爱因斯坦在瑞士阿劳中学上学时,他就无意中想到一个悖论:如果以光速追随一条光线运动,那么就应该看到,这样一条光线就好像一个在空间振荡而停滞不前的电磁场。可是无论依据经验,还是按照麦克斯韦方程,看来都不会发生这样的事情。从一开始,他在直觉上就很清楚,从这样一个观察者的观点来判断,一切都应当像一个相对于地球是静止的观察者所看到的那样,按照同样的定律进行。这个悖论又使爱因斯坦感到“惊奇”,他为此沉思了10年。

实际上,这个悖论已包含着相对论的萌芽。当时,爱因斯坦还是比较偏重经验论的,热衷于用观察和实验来研究物理学的主要问题。第二年,也就是1896年,爱因斯坦进入苏黎世联邦理工学院后,他计划完成检测地球运动引起光速变化的实验,为此,他设计出一个用热电偶测量两束方向相反的光所携带的能量差的实验。可是,他的老师不支持他,他也没有机会和能力建造这种设备,事情就这样不了了之。

可以看出,从很早的时候起,爱因斯坦就预想到相对性原理。

年轻的爱因斯坦深入思考了光现象和电磁现象与

观察者运动的关系，他甚至企图修正麦克斯韦方程，因为麦克斯韦方程在静止系中是正确的，在相对于静止系匀速运动的系统中就不正确了。但是他没有取得成功。

爱因斯坦还试图用麦克斯韦方程、洛伦兹方程，处理斐索关于菲涅耳拖动系数的实验。他相信，这些方程是正确的，它们恰当地描述了实验事实，它们在运动坐标系中的正确性，表明了所谓光速不变的关系，可是这与力学中的速度合成法则却格格不入。

爱因斯坦尝试用某种方法，将力学运动方程和电磁现象统一起来，他遇到了困难。于是，他不得不花一年时间冥思苦想，在那个时候，他甚至考虑了光的微粒说的可能性。

爱因斯坦想得到一种电磁现象和光现象的理论，在这种理论中，只有相对运动才具有物理意义。他给自己提出了一个与理论形式而不是与理论内容有关的问题。直到 1900 年，普朗克提出量子论这个开创性的工作后不久，爱因斯坦才发现，辐射在能量上具有一种分立结构，也就是一份一份的。但是，这种结构是与麦克斯韦理论相矛盾的。爱因斯坦想到，应该对麦克斯韦方程进行修正。

这时,爱因斯坦才清楚地意识到,只靠纯粹的经验是行不通的。因此,他对那种根据已知事实,用构造性的努力去发现真实定律的可能性,感到绝望了。他确信,只有发现一个普遍的形式原理,才能得到可靠的结果。

当然,要使麦克斯韦理论与相对性原理协调起来,不变更传统的时间观念,是根本不行的。爱因斯坦评论说:

> 只要时间的绝对性,或同时性的绝对性,这条公理不知不觉地留在潜意识里,那么,任何想要令人满意地澄清这个悖论的尝试,都是注定要失败的。清楚地认识这条公理以及它的任意性,实际上就意味着问题的解决。对于发现这个中心点所需要的批判思想,就我的情况来说,主要是由于阅读了休谟和马赫的哲学著作,而得到决定性的进展。

自从突破了传统的时空观念之后,爱因斯坦高屋建瓴,势如破竹,只用了五六周时间,就一气呵成地写出了相对论的第一篇论文。

狭义相对论的创立

1905 年 9 月，德国《物理学杂志》发表了爱因斯坦的论文《论动体的电动力学》。这是物理学中，具有划时代意义的历史文献。法国物理学家评论说，这篇文献，好像“光彩夺目的火箭，在黑暗的夜空，突然划出一道道短促的，但又十分强烈的光辉，照亮了广阔的未知领域”。

这篇论文和同类论文大不相同！它既没有文献的引证，也没有援引权威的著作，而不多的几个脚注，也只是说明性的。文章是用简明朴素的语言写成的，即使对内容没有深刻的理解，也能看懂其中的一大部分。

论文一开始，爱因斯坦就开门见山地提出了一个理想实验：当一个导体和磁铁相对运动时，在导体中产生的电流，并不取决于两者哪一个在运动。可是，根据麦克斯韦理论，磁铁运动产生电场，而导体运动却不产生

电场。爱因斯坦把这种不对称,与企图证实地球相对于以太运动实验的失败联系起来,单刀直入地提出一种猜想:

> 相对静止这个概念,不仅在力学中,而且在电动力学中,也不符合现象的特性。倒是应当认为,凡是对力学方程适用的一切坐标系,对于上述电动力学和光学的定律也一样适用。

接着,爱因斯坦便不假思索地说:“我们要把这个猜想,它的内容,以后就称为‘相对性原理’,提升为公理。”

紧接着,爱因斯坦又引入了另一条在表面上与前者不同的公理,即光速不变原理:“光在空虚空间里,总是以一确定的速度 c 传播着,这速度同发射体的运动状态无关。”

由此,爱因斯坦便转入具体讨论,他在空间各向同性和均匀性的假定下,给同时性下了可度量的定义,规定了校准时钟的三条逻辑性质。他接着论述了长度和时间的相对性,并得出结论:

> 我们不能给予同时性这个概念,以任何绝对的

意义;两个事件,从一个坐标系看来是同时的,而从另一个相对于这个坐标系运动着的坐标系看来,它们就不能再被认为是同时的事件了。

他接着又基于两条公理,推导出一个变换方程。由这个变换方程,爱因斯坦就方便地得到了“长度收缩、时钟延缓”的结论,以及新的速度合成法则。爱因斯坦推论出的“长度收缩、时钟延缓”这一结论,后来就简称为“尺缩钟慢”效应。

在论文的“电动力学部分”中,爱因斯坦还是以变换方程为根据,导出了带撇系统中的麦克斯韦方程,阐明了关于磁场中运动所产生的电动力的本性。这样,论文开头中理想实验的不对称性,以及一直争论不休的单极电机,现在也不成问题了。他从相对论给出了多普勒效应和光行差的说明,论述了光能和辐射压力的变换,导出电子运动的方程式。

爱因斯坦利用光能变换,在 1905 年 9 月发表的《物体的惯性同它所含的能量有关吗?》这篇论文中,推导出著名的质能关系式:$E=mc^2$,其中 c 是光速。爱因斯坦得出结论:物体的质量是它所含能量的量度。爱因斯坦预言,用那些能量变化很大的物体,例如镭盐,来验证这个结论,不是不可能成功的。

这篇不到三页的论文,是物理学中演绎法的最完美的典范。爱因斯坦仅仅通过对两列反向平面光波的理想实验的细致分析,就轻而易举地解释了放射性元素放出巨大能量的原因,为人类揭示出取之不尽、用之不竭的新能源。

探索自然界的统一性,是爱因斯坦一生所追求的目标。他说过:“从那些看起来同直接可见的真理十分不同的各种复杂现象中,认识到它们的统一性,那是一种壮丽的感觉。”狭义相对论的建立,使爱因斯坦统一性思想旗开得胜。这一新理论,成功地揭示出时间和空间、物质和运动、能量和质量、动量和能量的统一性,把经典力学和经典电动力学统一起来。这是人类理性思维的杰作。

广义相对论的创立

如果说,在狭义相对论诞生前,还存在有先驱者的大量工作的话,那么广义相对论,可以说是爱因斯坦一人促成的。

狭义相对论建立起来后,理论本身既没有什么可怀疑的问题,又与实验没有什么矛盾,但是,爱因斯坦却把目光投向了新的领域——广义相对论。爱因斯坦主要基于把相对性原理贯彻到底的信念,以及他在哲学和认识论上的原则,一鼓作气完成了广义相对论。当时,许多科学家对此觉得不可理解,例如普朗克就反问爱因斯坦:“现在一切都能明白地解释了,你为什么又忙于另一个问题呢?”

实际上,爱因斯坦早就想到另一个有趣的问题:如果有人凑巧在一个自由下落的升降机里,那会发生什么现象呢？在“奥林匹亚科学院”时期，他研读了马赫的《力学史评》，马赫关于惯性来源于宇宙遥远的物质的影响，对爱因斯坦无疑是有启示的。爱因斯坦想：在牛顿力学中，为什么惯性系比其他坐标系都特殊呢？为什么速度是相对的，而加速度是绝对的呢？

爱因斯坦在建立狭义相对论后，就试图着手建立引力的相对性理论。爱因斯坦起初想在狭义相对论的框架内，构造引力理论，但是存在着一个难以克服的困难：根据狭义相对论中的质能关系式，也就是 $E=mc^2$，物理体系的惯性质量，随其总能量的增加而增加，但是根据匈牙利物理学家厄缶，在 1890 年做的精密的扭秤实验，物体的引力质量却与它的惯性质量相等，这样自由落体的加速度，就应当与它的速度和内部状态密切相关，这显然与日常经验和该结论的前提相矛盾。爱因斯坦意识到，局限于狭义相对论的框架，要找到满意的引力理论是毫无希望的。

伽利略早就发现了一个极其简单的实验事实：一切物体在引力场中都具有同一加速度，即物体的惯性质量，同它的引力质量相等。但是，在牛顿力学中，这一事实并没有得到解释。多年来,人们都把这一司空见惯的事实,看作是理所当然的,从未把它当作一个重要的问题认真思考过。

对于这个不成问题的问题,爱因斯坦却把它当作一个值得研究的大问题,并看出了其中的问题之所在,这正是他高于一般人的地方。日本物理学史家,广重彻说过:“当科学家觉察到所研究的问题,以前并不作为一个问题存在,这时科学变革就开始了。”看来,这话是有一定道理的。

爱因斯坦从惯性质量等于引力质量这一事实想到:如果在一个空间范围很小的引力场里,我们不是引进一个惯性系,而是引进一个相对于它做加速运动的参照系,那么,事物就会像在没有引力的空间里那样行动,这就是所谓等效原理。爱因斯坦进而把相对性原理,推广到加速系,这就是所谓的广义相对性原理。

1907 年,爱因斯坦的兴趣,转向推广狭义相对论。同年,他发表了论文《关于相对论原理和由此得出的结论》。在这篇文章的第五部分,他就“相对性原理和引力”做了考察。他一开始就提出一个问题:

是否可以设想,相对性运动原理,对于相互做加速运动的参照系,也仍然成立?

他还在这里明确地提出了等效原理:

引力场同参照系的相当的加速度,在物理学上完全等价。

爱因斯坦认为他所发现的等效原理,是自己“一生中最愉快的思想”。

爱因斯坦 1907 年的方案的细节,仍旧是含糊的。等效原理,只是帮助他讨论了引力对电磁场的个别效应。等效原理的几何化,引力场的数学特性,它的源,以及场和源之间的关系,即引力场方程都尚未得到。在之后的大约三年时间内,爱因斯坦又醉心于新电子论的研究,想解决电子和电磁场的连接问题,但情况并不顺利,他于是又转向引力论。

1911 年 6 月,爱因斯坦完成了“关于引力对光传播的影响”的论文,这篇文章,试图把“惯性质量与引力质量同等”这一并非偶然的结果,安插到一个更为一般的结构中去。但是,他没有完全取得成功,因为这时他还没有放弃牛顿的引力理论，只是在它上面加添了一些个别的新原理，拼凑起一个正确与错误的混合物，以致虽然很接近问题的答案，但毕竟还不是。

值得注意的是，爱因斯坦进一步根据等效原理，说明了光在引力场中弯曲的必要性。他预言，光线经过太阳附近，要产生 0.83 秒的偏转，对木星来说，只是此数值的百分之一。爱因斯坦迫切希望天文学家能对他的这个预言做出验证。

1911 年的这篇论文，尽管还不成熟，但它毕竟在这一黑暗的领域内，划出了一道光，成为爱因斯坦最终通向广义相对论的中途站。

直到 1912 年，爱因斯坦意识到，用标准尺和理想钟测得的直接量度，来表示坐标差是不可能的；合理的引力理论，只能希望通过推广相对性原理而得到。必须使得一切坐标系都是平权的，即客观真实的物理规律，在任意坐标变换下形式不变，即所谓的“广义协变”——这时，才接近了广义相对论的门槛。但是，真正要打开大门，爱因斯坦还缺乏必要的数学工具。

在上大学时，爱因斯坦由于没有认识到，通向更深入的基本知识的道路,是同最精密的数学方法联系在一起的,因而在一定程度上忽视了数学。

在关键时刻,他的同学和朋友——数学家格罗斯曼,帮了他的大忙,他们找到了合适的数学工具。就这样,爱因斯坦经过艰苦的摸索和无数的辛劳,终于在1913年,和格罗斯曼共同完成了论文《广义相对论和引力理论纲要》。其中物理部分由爱因斯坦执笔,数学部分由格罗斯曼执笔。终于,广义相对论的大门就这样打开了。

在这篇论文中,爱因斯坦引入了更广泛的坐标系,使用了非线性坐标变换,推导出引力场中的质点运动方程。爱因斯坦的做法,对理论带来了两个重大影响:一是,更普遍的数学工具的使用,推动他向最终解决问题的目标迈进;二是,采用更为一般的变换。

1915年,也是爱因斯坦富有成果的一年。他先发表了一篇《用广义相对论解释水星近日点运动》的论文,不用任何特殊假设,就成功地解释了水星在轨道上的长轴旋转:每100年大约偏转43秒。他还纠正了1911年计算光线经过太阳附近弯曲的错误数值,新结果比原先的值大一倍。这年 11 月，爱因斯坦终于完成了他的广义相对论的集大成论文——《广义相对论的基础》。

爱因斯坦在回忆这件事时说道：

> 在对以前的理论结果和方法，失掉一切信心之后，我清楚地看到，只有同一般的协变原理，即黎曼协变理论联系起来，才能得到令人满意的解决。……我感到高兴的是，不仅牛顿的理论，作为第一近似值得出了，而且水星近日点运动，作为第二近似值也得出了。关于太阳附近光的偏折，得到的总量是以前的两倍。

《广义相对论的基础》发表于 1916 年，它是广义相对论的“标准版本”。在这里，爱因斯坦的思想，已经达到炉火纯青的地步，如行云流水，看不到一点斧凿的痕迹。

爱因斯坦所讲的理论，其范围极大，而概念却十分清晰，它对所有的参照系，都同样适用。经典守恒定律不再是些定律，而仅仅是些恒等式，它们失去了原有的意义。不再存在理论中所含的电磁力或弹性力那种意义的引力,引力是以完全不同的方式出现的。狭义相对论给出的固定时空不见了。过去曾错误地认为,物体通过引力来对其他物体的运动发生影响;而现在认为,是物体影响其他物体在其中做自由运动的时空几何。

在改变后的时空中的这种自由运动,就是曾被错误地认为是在原来时空中的受迫振动。现在,自然定律是一种涉及时空的几何命题,时空变成一种“度规空间”。引力场中的物理量,与黎曼几何中相应的几何量,建立了一一对应的关系。在这种情况下,欧几里得几何和牛顿引力理论,仅仅是黎曼几何和广义相对论的一个特例。

广义相对论也有重要的哲学意义,诚如法国物理学家德布罗意所说,它是“熏陶物理学家们的精神的最好的手段”。广义相对论告诉我们,时空与物质密切相关,是运动着的物质的存在形式。爱因斯坦说:

> 空间与时间,未必能被看作是,一种可以离开物理实在的实际客体,而独立存在的东西。物理客体,不是在空间之中,而是这些客体有着空间的广

延。因此，“空虚空间”这个概念就失去了它的意义。

而在狭义相对论中，时间与空间，作为一个惯性系，仅作用于一切物质客体，而这些物质客体，却不对时间与空间给以反作用。因此，广义相对论便在更深一层意义上，否定了牛顿的绝对时空观，揭示出“时空是物质存在的形式”。

德国物理学家玻恩，在1955年的一篇报告中评论说：“对于广义相对论的提出，我过去和现在都认为是人类认识大自然的最伟大的成果，它把哲学的深奥、物理学的直观和数学的技艺，令人惊叹地结合在一起。”爱因斯坦“在黑暗中焦急地探索着的年代里，怀着热烈的向往，时而充满自信，时而精疲力竭，而最后终于看到了光明”。狭义相对论和广义相对论的大厦全部建成了！

相对论也是集中体现科学美和数学美的杰作。相对论犹如一座琼楼玉宇，其外部结构之华美雅致，其内藏观念之珍美新奇，都是无与伦比的。

相对论的逻辑前提，是两条在逻辑上再简单不过的原理，它们支撑着内涵丰富的庞大理论体系，而毫无重压之感。其建筑风格是高度对称的，从基石到顶盖莫不如此。四维时空连续统，显示出精确的、贯穿始终的对称性原理，也蕴涵着从日常经验来看，绝不是显而易见的不变性或协变性。

时空对称性，规定着其他的对称性：电荷和电流、电场和磁场、能量和动量等的对称性。在这样高度对称的琼楼玉宇中，又陈放着诸多奇异的观念，如，四维世界、弯曲时空、广义协变、尺缩钟慢，等等，从而更彰显出爱因斯坦全新的物理学大厦的壮丽辉煌。

爱因斯坦一夜爆红

广义相对论运用了大量的黎曼几何、张量计算、绝对微分等艰深的数学知识，充满了深邃的哲学思辨，包含着崭新的物理内容，就是高级研究人员要弄懂它，也非花大气力不可，一般人自不待言。对于爱因斯坦同时代的人来说，具有这些知识的人寥寥无几。但是，由于广义相对论的预言不久得到了实验验证，所以，还是引起了相当大的轰动。

广义相对论的实验证据，当时有三个。

其一是水星近日点的进动。水星是距太阳最近的一颗行星。按照行星运动规律，水星的公转轨道应该是一个封闭的椭圆形。但是实际上，水星的公转轨道并不是一个严格的椭圆，而是每公转一圈，它的长轴也略有转动。长轴的转动，就称为进动。水星在离太阳最近的地方,发生了明显的进动,这就是所谓的水星近日点的进动。早在 1859 年,法国天文学家勒维耶就发现了这一现象,他认为,进动的原因是水星轨道内,有一个未知的行星或行星群存在。实际上,后来的天文观测表明,水星周围并不存在这样一个未知的行星或行星群。

直到 1915 年,爱因斯坦提出了引力理论,才圆满地解释了水星近日点的进动,解开了这个长期使人困惑不解的疑团。原来,水星轨道异常的原因,是太阳导致的时空畸变而造成的。

其二是光线的引力红移。由于引力作用,从大质量的星球射到我们这里的光线,它的谱线移向光谱红端,即所谓光的引力红移。1924 年,天文学家亚当斯,通过对天狼星的伴星进行观察,证实了这一预言。

其三是引力场使光线弯曲。这一实验检验,颇有戏剧性。在这里,我们重点介绍一下。

为了证实爱因斯坦在 1911 年论文中的这个预言,德国天文学家组成了一支考察队,于 1914 年前往俄国克里木半岛,想在日全食时进行观察。不幸的是,第一次世界大战恰恰爆发,考察队人员全被俄国人当作战俘扣留了。“塞翁失马，焉知非福”，这一不幸，对广义相对论的验证倒是一件幸事。假使这次观察成功的话，很可能会比爱因斯坦的预言值大一倍，因为他当时的计算有错误。

大战期间，交战国之间的邮路中断，通过中立国荷兰天文学家的介绍，爱因斯坦 1915 年的论文传到英国，引起英国天文学家爱丁顿的极大关注和浓厚兴趣。他在 1918 年发表文章指出，广义相对论引起了物理学、天文学和哲学的重大变革，这是一场影响深远的革命。

第一次世界大战刚刚结束后的 1919 年，英国皇家天文学会立即派出了两支考察队。一支前往巴西北部的索布拉尔，一支由爱丁顿率领，前往西非几内亚湾的普林西比岛。他们要在日全食时，观察星光经过太阳的偏离。在两地观察的结果，都在误差允许的范围内，而且都与爱因斯坦的预言相当符合。

1919 年 11 月 6 日，这些结果被提交英国皇家学会与英国皇家天文学会联席会议。会议气氛与平时大不一样，听众怀着强烈的兴趣，犹如欣赏一出希腊戏剧。主持会议的是 1906 年诺贝尔物理学奖获得者，著名物理学家J.J.汤姆孙。他说:“这是自牛顿以来,万有引力理论的一项最重要成就。”“它不是发现一个外围岛屿,而是发现整个科学新思想的大陆。”“爱因斯坦的预言,是人类思想的一大凯歌。”

11月28日,英国的权威报刊《泰晤士报》,以“科学的革命,宇宙引力的新理论”为题,做了报道,这立即震撼了欧洲乃至世界,引起了一股“相对论热”,爱因斯坦也随之名扬四海。他的照片开始刊登在画报的封面,他的名字出现于报头标题,人们异口同声地称他为“20世纪的牛顿”。爱因斯坦向来把荣誉视为累赘,他甚至觉得相对论热是“赶时髦”。

爱因斯坦的声誉,招来了纳粹分子和排犹分子的忌恨,他们于1920年8月24日,在柏林音乐厅召开了批判相对论的大会,极尽攻击谩骂之能事。

27日爱因斯坦在《柏林日报》发表声明,对“反相对论公司”作了公开答复。他一针见血地指出,这个“杂七杂八的团体”的动机“并不是追求真理的愿望”。

爱因斯坦也“厌恶为相对论大叫大嚷”,他表示:“夸张的言辞使我感到肉麻。”他多次表示,不愿做头顶花环的象征性的领头羊，只愿做淳朴羊群中的一只普通羊。物理学家劳厄，曾在一本介绍广义相对论的著作中说："许多人赞扬，也有许多人反对。值得注意的是，无论在这一方或另一方，那些叫得最响的人，几乎一点也不理解它。"

相对论被人们接受和理解，是一个缓慢而艰难的过程，劳厄的经历很能说明问题。劳厄是相对论最早的信徒和倡导者，1959 年 10 月 23 日他在写给爱因斯坦的继女玛格特小姐的信中承认，在爱因斯坦 1905 年的论文发表以后，"一种新境界缓慢地、却是稳步地呈现在我的面前。我为此而耗费了巨大的精力…… 特别是认识论上的障碍使我十分困惑。我觉得只是大约从 1950 年起，才排除了这些障碍"。劳厄在他自己撰写的《物理学史》中也说过："广义相对论，对我同许多其他人一样，比狭义相对论要伤脑筋得多；实际上我在 1950 年前后，才真正掌握了广义相对论。"

借助广义相对论的成果，爱因斯坦在 1916 年做出了引力波的预言，并尝试用它来考察宇宙学问题。1917 年，他在《普鲁士科学院会议报告》中，发表了论文《根据广义相对论对宇宙学所做的考察》。这篇论文是宇宙学的开创性论文,直接导致了宇宙学这一新的科学研究领域的确立。

爱因斯坦认为,传统的宇宙在空间上无限的观念,既与牛顿理论相矛盾,也与广义相对论相矛盾。为了避免在无限远处,给广义相对论设立边界条件的困难,他提出有限无界的宇宙模型。由于爱因斯坦在场方程中添加了一个常数项,因此他的宇宙模型是静态的。在这一点上,这个模型与1946年的宇宙大爆炸理论不同。不管怎样,爱因斯坦把对宇宙的研究,从猜测和思辨变为科学,成为现代宇宙学的奠基人。

爱因斯坦逝世以后,特别是20世纪60年代以来,不仅广义相对论的实验验证如雨后春笋,而且这一理论也成为相对论天体物理学、高能天体物理学和宇宙学的理论基础,展现出引人瞩目的前景。类星体、脉冲星、致密X射线源、3K宇宙微波背景辐射、黑洞、引力波等的发现和探测,大爆炸理论和各种宇宙模型的提出,就是很好的例证。时至今日,这一发展仍然是方兴未艾。

《狭义与广义相对论浅说》是写给谁看的?

爱因斯坦的《狭义与广义相对论浅说》写于1916年,德文第1版于1917年出版,到1922年已经出版第40版,由此不难窥见其受读者欢迎的程度。20世纪20年代,世界各国先后出版了十多种文字的译本,英译本到1957年已经出版了15版。

1922年4月,商务印书馆出版了该书的中译本,书名为《相对论浅说》,译者是我国早期物理学家夏元瑮。但由于当时物理学名词的汉译尚未统一,而且也不规范,加上翻译使用的早期白话,文字半文半白,不符合现代读者的阅读习惯。

1964年5月,上海科学技术出版社又出版了新译本,书名为《狭义与广义相对论浅说》,由著名翻译家杨润殷翻译,著名物理学家胡刚复教授校译。胡刚复是哈佛大学博士,中国近代物理学奠基人之一。他创建了中国第一个物理实验室,培养了吴有训、严济慈、赵忠尧等著名物理学家。历任南京高等师范学校(现南京大学),厦门大学、浙江大学、南开大学等校教授。2006 年,这个译本被收入北京大学出版社出版的“科学元典丛书”中。

为了读者尽可能理解和领悟爱因斯坦的相对论,“科学元典丛书”中收入的《狭义与广义相对论浅说》这本书,增加了长篇“导读”,详细介绍了狭义与广义相对论创立的科学背景、构思经过、思想脉络、理论意义、时代影响等,并且还收入了许多精心挑选的插图,希望有助于读者对于本书的理解。

顺便提一下,北京大学出版社出版的《狭义与广义相对论浅说》,除了经典的软精装“红皮版”之外,还出版了“彩色珍藏版”和价廉物美的“学生版”。“彩色珍藏版”收入了更多的爱因斯坦珍贵图片,大 16 开本,图文混排,装帧可以说是“高大上”。扫描书中的二维码,还可以观看专家讲座视频。而“学生版”是小开本精装,便于携带。书中也附有简明扼要的“阅读指导”和音频课程。

正如爱因斯坦在1916年所写的“序”中所说的，他的这本小册子，是为相当于大学入学考试的知识水平的读者而写的，也就是给中等文化水平的读者写的。这些读者，从科学和哲学的角度，对相对论有兴趣，但是又不熟悉理论物理学的数学工具。

在这本书中，尽管爱因斯坦以最简单、最明了的方式，介绍了相对论的主要概念，并大体按照相对论实际创生的次序和联系来叙述，但是，读者要读懂和读完它，仍需具有相当大的耐心和毅力。

《狭义与广义相对论浅说》一书分为三部分。第一部分是狭义相对论；第二部分是广义相对论；第三部分是关于整个宇宙的一些考虑。此外，还有一个附录。这个附录增加了爱因斯坦《自述》和《论动体的电动力学》等文献。《论动体的电动力学》是爱因斯坦撰写的第一篇关于狭义相对论的论文。这几篇文献，有助于一般读者更加清晰地感受爱因斯坦的个人魅力，也能让读者看到标志狭义相对论诞生的原始论文。

如果有部分读者感到有阅读困难，可先阅读北京大学出版社已出版的该书全译本中收入的《导读》《自述》

和插图中所附的图注;在阅读正文时,也可跳过公式部分,了解爱因斯坦相对论思想概貌。这本身也是一个很大的收获。当然,对于这样的经典文献,最好还是精读,仔细品味和体悟爱因斯坦的科学思想和科学方法。

中　篇

狭义与广义相对论浅说

Relativity, the Special and the General Theory

（*A popular Exposition*）

序

Preface

本书的目的,是尽可能使那些从一般科学和哲学的角度对相对论有兴趣而又不熟悉理论物理的数学工具的读者对相对论有一个正确的了解。本书假定读者已具备相当于大学入学考试的知识水平,而且,尽管本书篇幅不长,读者仍须具有相当大的耐心和毅力。作者力求以最简单、最明了的方式来介绍相对论的主要概念,并大体上按照其实际创生的次序和联系来叙述。为了便于明了起见,我感到不能不经常有所重复,而不去考

虑文体的优美与否。我严谨地遵照杰出的理论物理学家玻耳兹曼的格言,即形式是否优美的问题应该留给裁缝和鞋匠去考虑。但是我不敢说这样已可为读者解除相对论中固有的难处。另一方面,我在论述相对论的经验性物理基础时,又有意识地采用了"继母式"的做法,以便不熟悉物理的读者不致感到像一个只见树木不见森林的迷路人。但愿本书能为某些读者带来愉快的思考时间。

爱因斯坦

1916 年 12 月

第一部分

狭义相对论

Part Ⅰ. The Special Theory of Relativity

在相对论创立以前，在物理学中一直存在着一个隐含的假定，即时间的陈述具有绝对的意义，与参考物体的运动状态无关。如果我们抛弃这个假定，那么真空中光的传播定律与相对性原理之间的抵触就消失了。

1. 几何命题的物理意义

阅读本书的读者，大多数在做学生的时候就熟悉欧几里得几何学的宏伟大厦。你们或许会以一种敬多于爱的心情记起这座伟大的建筑。在这座建筑的高高的楼梯上，你们曾被认真的教师督促了不知多少次。凭着你们过去的经验，谁要是说这门科学中的哪怕是最冷僻的命题是不真实的，你们都一定会嗤之以鼻。但是，如果有人这样问："你们说这些命题是真实的，那你们究竟是如何理解的呢？"此时你们那种认为理所当然的骄傲态度或许就会马上消失。让我们来考虑一下这个问题。

几何学是从某些像"平面""点"和"直线"之类的概念出发的，我们可以有大体上是确定的观念和这些概念相联系；同时，几何学还从一些简单的命题（公理）出发,由于这些观念,我们倾向于把这些简单的命题当作“真理”接受下来。然后,根据我们自己感到不得不认为是正当的一种逻辑推理过程,阐明其余的命题是这些公理的推论,也就是说这些命题已得到证明。于是,只要一个命题是用公认的方法从公理中推导出来的,这个命题就是正确的(就是“真实的”)。这样,各个几何命题是否“真实”的问题就归结为公理是否“真实”的问题。

可是人们早就知道,上述最后一个问题不仅是用几何学的方法无法解答的,而且这个问题本身就是完全没有意义的。我们不能问“过两点只有一直线”是否真实。我们只能说,欧几里得几何学研究的是称之为“直线”的东西,它说明每一直线具有由该直线上的两点来唯一地确定的性质。“真实”这一概念与纯几何学的论点是不相符的,因为“真实”一词我们在习惯上总是指与一个“实在的”客体相当的意思;然而几何学并不涉及其中所包含的观念与经验客体之间的关系,而只是涉及这些观念本身之间的逻辑联系。

不难理解,为什么尽管如此我们还是感到不得不将这些几何命题称为“真理”。几何观念大体上对应于自然界中具有正确形状的客体，而这些客体无疑是产生这些观念的唯一渊源。几何学应避免遵循这一途径，以便能够使其结构获得最大限度的逻辑一致性。

例如，通过位于一个在实践上可视为刚性的物体上的两个有记号的位置来查看“距离”的办法，在我们的思想习惯中是根深蒂固的。如果我们适当地选择我们的观察位置，用一只眼睛观察而能使三个点的视位置相互重合，我们也习惯于认为这三个点位于一条直线上。

如果，按照我们的思想习惯，我们现在在欧几里得几何学的命题中补充一个这样的命题，即在一个在实践上可视为刚性的物体上的两个点永远对应于同一距离（直线间隔），而与我们可能使该物体的位置发生的任何变化无关，那么，欧几里得几何学的命题就归结为关于各个在实践上可以视为刚性的物体的所有相对位置的命题。[①] 做了这样补充的几何学可以看作物理学的一个分支。现在我们就能够合法地提出经过这样解释的几何命题是否“真理”的问题;因为我们有理由问,对于与我们的几何观念相联系的那些实在的东西来说,这些命题是否被满足。用不大精确的措辞来表达,上面这句话可以说成为,我们把此种意义的几何命题的“真实性”理解为这个几何命题对于用圆规和直尺作图的有效性。

当然,以此种意义断定的几何命题的“真实性”,是仅仅以不大完整的经验为基础的。目前,我们暂先认定几何命题的“真实性”。然后我们在后一阶段(在论述广义相对论时)将会看到,这种“真实性”是有限的,那时我们将讨论这种有限性范围的大小。

---

① 由此推论,一个自然客体也是与一条直线相联系的,一个刚体上的三个点 A、B 和 C,如果已经给定 A 点和 C 点,而 B 点的选择已使距离 AB 和 BC 之和为最小,则这三点位于一直线上,这一不完整的提法对我们目前的讨论是能够满足的。

2. 坐 标 系

根据前已说明的对距离的物理解释,我们也能够用量度的方法确立一刚体上两点间的距离。为此目的,我们需要有一直可用来作为量度标准的一个“距离”(杆 S)。如果 A 和 B 是一刚体上的两点,我们可以按照几何学的规则作一直线连接该两点;然后以 A 为起点,一次一次地记取距离 S,直到到达 B 点为止。所需记取的次数就是距离 AB 的数值量度。这是一切长度测量的基础。[①]

描述一事件发生的地点或一物体在空间中的位置,都是以能够在一刚体(参考物体)上确定该事件或该物体的相重点为根据的。不仅科学描述如此,对于日常生

① 这里我们假定没有任何剩余的部分,亦即量度的结果是一个整数。我们可以使用一个有分刻度的量杆来克服这一困难,引进这种量杆并不需要对量度的方法作任何根本性的改变。

活来说亦如此。如果我来分析一下“北京天安门广场”[1]这一位置标记,我就得出下列结果。地球是该位置标记所参照的刚体;“北京天安门广场”是地球上已明确规定的一点,已经给它取上了名称,而所考虑的事件则在空间上与该点是相重合的。[2]

这种标记位置的原始方法只适用于刚体表面上的位置,而且只有在刚体表面上存在着可以相互区分的各个点的情况下才能够使用这种方法。但是我们可以摆脱这两种限制,而不致改变我们的位置标记的本质。譬如,有一块白云飘浮在天安门广场上空,这时我们可以在天安门广场上垂直地竖起一根竿子直抵这块白云,来确定这块白云相对于地球表面的位置。用标准量杆量度这根竿子的长度,结合对这根竿子下端的位置标记,我们就获得了关于这块白云的完整的位置标记。根据这个例子,我们就能够看出位置的概念是如何改进提

① 原书举德国地名,英文版举英国地名,为便于我国读者阅读起见,此处改用我国地名。——译者注

② “在空间上重合”一语的意义在这里不必进一步深究。这一概念足够明了,对其在实际运用中是否适当,不大会产生意见分歧。

高的。

（1）我们设想将确定位置所参照的刚体加以补充，补充后的刚体延伸到我们需要确定其位置的物体。

（2）在确定物体的位置时，我们使用一个数（在这里是用量杆量出来的竿子长度），而不使用选定的参考点。

（3）即使未曾把高达云端的竿子竖立起来，我们也可以讲出云的高度。我们从地面上各个地方，用光学的方法对这块云进行观测，并考虑光传播的特性，就能够确定那需要把它升上云端的竿子的长度。

从以上的论述我们看到，如果在描述位置时我们能够使用数值量度，而不必考虑在刚性参考物体上是否存在着标定的位置（具有名称的），那就会比较方便。在物理测量中应用笛卡儿坐标系达到了这个目的。

笛卡儿坐标系包含三个相互垂直的平面，这三个平面与一刚体牢固地连接起来。在一个坐标系中，任何事件发生的地点（主要）由从事件发生的地点向该三个平面所作垂线的长度或坐标（x、y、z）来确定，这三条垂线的长度可以按照欧几里得几何学所确立的规则和方法用刚性量杆经过一系列的操作予以确定。

在实践上,构成坐标系的刚性平面一般来说是用不着的;还有,坐标的大小实际上不是用量杆结构确定的,而是用间接的方法确定的。如果要物理学和天文学所得的结果保持其清楚明确的性质,就必须始终按照上述考虑来寻求位置标示的物理意义。[①]

由此我们得到如下的结果:事件在空间中的位置的每一种描述都要使用为描述这些事件而必须参照的一个刚体。所得出的关系是以假定欧几里得几何学的定理适用于“距离”为依据;“距离”在物理上一般习惯是以一刚体上的两个标记来表示。

---

① 在开始论述广义相对论(将在本书第二部分讨论)之前,还不需要对这些看法加以纯化和修改。

3. 经典力学中的空间和时间

力学的目的在于描述物体在空间中的位置如何随“时间”而改变。如果我未经认真思考、不加详细的解释就来表述上述的力学的目的，我的良心会不安，因为要承担违背力求清楚明确的神圣精神的严重过失。让我们来揭示这些过失。

这里，“位置”和“空间”应如何理解是不清楚的。假设一列火车正在匀速地行驶，我站在车厢窗口松手丢下(不是用力投掷)一块石头到路基上。那么，如果不计空气阻力的影响，我看见石头是沿直线落下的。从人行道上观察这一举动的行人则看到石头是沿抛物线落到地面上的。现在我问：石头所经过的各个“位置”是“的确”在一条直线上，还是在一条抛物线上的呢？还有，所谓“在空间中”的运动在这里是什么意思呢？

根据前一节的论述，就可以得出十分明白的答案。首先，我们要完全避开“空间”这一模糊的字眼。我们必须老实承认，对于“空间”一词，我们无法构成丝毫概念；因此我们代之以“相对于在实践上可看作刚性的一个参考物体的运动”。关于相对于参考物体(火车车厢或铁路路基)的位置，在前节中已做了详细的规定。如果我们引入“坐标系”这个有利于数学描述的观念来代替“参考物体”，我们就可以说：石块相对于与车厢牢固地连接在一起的坐标系走过了一条直线，但相对于与地面(路基)牢固地连接在一起的坐标系，则石块走过了一条抛物线，借助于这一实例可以清楚地知道不会有独立存在的轨线(字面意义是“路程——曲线”①)；而只有相对于特定的参考物体的轨线。

为了对运动进行完整的描述，我们必须说明物体如何随时间而改变其位置；亦即对于轨线上的每一个点必须说明该物体在什么时刻位于该点上。这些数据必须补充这样一个关于时间的定义，依靠这个定义，这些时

① 即物体沿着运动的曲线。

间值可以在本质上看作可观测的量(即测量的结果)。如果我们从经典力学的观点出发,我们就能够举出下述的实例来满足这个要求。设想有两个构造完全相同的钟;站在车厢窗口的人拿着其中的一个,在人行道上的人拿着另一个。两个观察者各自按照自己所持时钟的每一声滴答刻画下的时间来确定石块相对于他自己的参考物体所占据的位置。在这里我们没有计入因光的传播速度的有限性而造成的不准确性。对于这一点以及这里的另一个主要困难,我们将在以后详细讨论。

4. 伽利略坐标系

众所周知,伽利略-牛顿力学的基本定律(称为惯性定律)可以表述如下:一物体在离其他物体足够远时,一直保持静止状态或保持匀速直线运动状态。这个定律不仅谈到了物体的运动,还指出了不违反力学原理的、可在力学描述中加以应用的参考物体或坐标系。相对于人眼可见的恒星那样的物体,惯性定律无疑是在相当高的近似程度上能够成立的。

现在如果我们使用一个与地球牢固地连接在一起的坐标系,那么,相对于这一坐标系,每一颗恒星在一个天文日当中都要描画一个具有莫大的半径的圆,这个结果与惯性定律的陈述是相反的。因此,如果我们要遵循这个定律,我们就只能参照恒星在其中不做圆周运动的坐标系来考察物体的运动。若一坐标系的运动状态使惯性定律对于该坐标系而言是成立的，该坐标系即称为“伽利略坐标系”。伽利略-牛顿力学诸定律只有对于伽利略坐标系来说才能认为是有效的。

5. 相对性原理(狭义)

为了使我们的论述尽可能地清楚明确,让我们回到设想为匀速行驶中的火车车厢这个实例上来。我们称该车厢的运动为一种匀速平移运动(称为“匀速”是由于速度和方向是恒定的;称为“平移”是由于虽然车厢相对于路基不断改变其位置,但在这样的运动中并无转动)。设想一只大乌鸦在空中飞过,它的运动方式从路基上观察是匀速直线运动。如果我们在行驶着的车厢上观察这只飞鸟,我们就会发现这只乌鸦是以另一种速度和方向在飞行,但仍然是匀速直线运动。用抽象的方式来表述,我们可以说:若一质量 m 相对于一坐标系 K 做匀速直线运动,只要第二个坐标系 K' 相对于 K 是在做匀速平移运动,则该质量相对于第二个坐标系 K' 亦做匀速直线运动。根据上节的论述可以推出:

若 K 为一伽利略坐标系,则其他每一个相对于 K

做匀速平移运动的坐标系 K' 亦为一伽利略坐标系。相对于 K'，正如相对于 K 一样，伽利略-牛顿力学定律也是成立的。

如果我们把上面的推论做如下的表述，我们在推广方面就前进了一步：如果 K' 是相对于 K 做匀速运动而无转动的坐标系，那么，自然现象相对于坐标系 K' 的实际演变将与相对于坐标系 K 的实际演变一样依据同样的普遍定律。这个陈述称为相对性原理(狭义)。

只要人们确信一切自然现象都能够借助于经典力学来得到完善的表述，就没有必要怀疑这个相对性原理的正确性。但是由于近几年在电动力学和光学方面的发展，人们越来越清楚地看到，经典力学为一切自然现象的物理描述所提供的基础还是不够充分的。到这个时候，讨论相对性原理的正确性问题的时机就成熟了，而且当时看来对这个问题做否定的答复并不是不可能的。

然而有两个普遍事实在一开始就给予相对性原理的正确性以很有力的支持。虽然经典力学对于一切物理现象的理论表述没有提供一个足够广阔的基础，但是我们仍然必须承认经典力学在相当大的程度上是“真理”,因为经典力学对天体的实际运动的描述,所达到的精确度简直是惊人的。因此,在力学的领域中应用相对性原理必然达到很高的准确度。一个具有如此广泛的普遍性的原理,在物理现象的一个领域中的有效性具有这样高的准确度,而在另一个领域中居然会无效,这从先验的观点来看是不大可能的。

现在我们来讨论第二个论据,这个论据以后还要谈到。如果相对性原理(狭义)不成立,那么,彼此做相对匀速运动的 K、K'、K'' 等一系列伽利略坐标系,对于描述自然现象就不是等效的。在这个情况下我们就不得不相信自然界定律能够以一种特别简单的形式来表述,这当然只有在下列条件下才能做到,即我们已经从一切可能有的伽利略坐标系中选定了一个具有特别的运动状态的坐标系(K_0)作为我们的参考物体。这样我们就会有理由(由于这个坐标系对描述自然现象具有优点)称这个坐标系是“绝对静止的”,而所有其他的伽利略坐标系 K 都是“运动的”。

举例来说，设我们的铁路路基是坐标系 K_0，那么我们的火车车厢就是坐标系 K，相对于坐标系 K 成立的定律将不如相对于坐标系 K_0 成立的定律那样简单。定律的简单性的此种减退是由于车厢 K 相对于 K_0 而言是运动的（亦即“真正”是运动的）。在参照 K 所表述的普遍的自然界定律中，车厢速度的大小和方向必然是起作用的。又例如，我们应该预料到，一个风琴管当它的轴与运动的方向平行时所发出的音调将不同于当它的轴与运动的方向垂直时所发出的音调。由于我们的地球是在环绕太阳的轨道上运行，因而我们可以把地球比作以每秒大约 30 千米的速度行驶的火车车厢。如果相对性原理是不正确的，我们就应该预料到，地球在任一时刻的运动方向将会在自然界定律中表现出来，而且物理系统的行为将与其相对于地球的空间取向有关。由于在一年中地球公转速度的方向的变化，地球不可能在全年中相对于假设的坐标系 K_0 处于静止状态。但是，最仔细地观察也从来没有显示出地球物理空间的这种各向异性（即不同方向的物理不等效性）。这是一个支持相对性原理的十分强有力的论据。

6. 经典力学中所用的速度相加定理

假设我们的旧相识,火车车厢在铁轨上以恒定速度 v 行驶;并假设有一个人在车厢里沿着车厢行驶的方向以速度 w 从车厢一头走到另一头。那么在这个过程中,对于路基而言,这个人向前走得有多快呢?换句话说,这个人前进的速度 W 有多大呢?

唯一可能的解答似乎可以根据下列考虑而得:如果这个人站住不动一秒钟,在这一秒钟里他就相对于路基前进了一段距离 v,在数值上与车厢的速度相等。但是,由于他在车厢中向前运动,在这一秒钟里他相对于车厢向前走了一段距离 w,也就是相对于路基又多走了一段距离 w,这段距离在数值上等于这个人在车厢里走动的速度。这样,在所考虑的这一秒钟里他总共相对于路基走了距离 $W=v+w$。

我们以后将会看到，表述了经典力学的速度相加定理的这一结果，是不能加以支持的；换句话说，我们刚才写下的定律实质上是不成立的。但目前我们暂时假定这个定理是正确的。

7. 光的传播定律与相对性原理的表面抵触

在物理学中几乎没有比真空中光的传播定律更简单的定律了。学校里的每个儿童都知道,或者相信他们知道,光在真空中沿直线以速度 $c=300000$ 千米/秒传播。无论如何我们非常精确地知道,这个速度对于所有各色光线都是一样的。因为如果不是这样,则当一颗恒星为其邻近的黑暗星体所掩食时,其各色光线的最小发射值就不会同时被看到。荷兰天文学家德·西特(De Sitter)根据对双星的观察,也以相似的理由指出,光的传播速度不能依赖于发光物体的运动速度。关于光的传播速度与其"在空间中"的方向有关的假定,即使就其本身而言也是难以成立的。

总之,我们可以假定关于光(在真空中)的速度 c 是恒定的这一简单的定律已有充分的理由为学校里的儿童所确信。谁会想到这个简单的定律竟会使思想周密的物理学家陷入智力上的极大的困难呢？让我们来看看这些困难是怎样产生的。

当然我们必须参照一个刚体（坐标系）来描述光的传播过程（对于所有其他的过程而言确实也都应如此）。我们再次选取我们的路基作为这种参考系。我们设想路基上面的空气已经被抽空。如果沿着路基发出一道光线，根据上面的论述我们可以看到，这道光线的前端将相对于路基以速度 c 传播。现在我们假定我们的车厢仍然以速度 v 在路轨上行驶，其方向与光线的方向相同，不过车厢的速度当然要比光的速度小得多。我们来研究一下这光线相对于车厢的传播速度问题。显然我们在这里可以应用前一节的推论，因为光线在这里就充当了相对于车厢走动的人。人相对于路基的速度 W 在这里由光相对于路基的速度代替。w 是所求的光相对于车厢的速度，我们得到：

$$w = c - v$$

于是光线相对于车厢的传播速度就出现了小于 c 的情况。

但是这个结果是与前文第5节所阐述的相对性原理相抵触的。因为,根据相对性原理,真空中光的传播定律,就像所有其他普遍的自然界定律一样,不论以车厢作为参考物体还是以路轨作为参考物体,都必须是一样的。但是,从我们前面的论述看来,这一点似乎是不可能成立的。如果所有的光线相对于路基都以速度 c 传播,那么由于这个理由似乎光相对于车厢的传播就必然服从另一定律——这是一个与相对性原理相抵触的结果。

由于这种抵触,除了放弃相对性原理或放弃真空中光的传播的简单定律以外,其他办法似乎是没有的。仔细地阅读了以上论述的读者几乎都相信我们应该保留相对性原理,这是因为相对性原理如此自然而简单,在人们的思想中具有很大的说服力。因而,真空中光的传播定律就必须由一个能与相对性原理一致的比较复杂的定律所取代。但是,理论物理学的发展说明了我们不能遵循这一途径。具有划时代意义的洛伦兹对于与运动物体相关的电动力学和光学现象的理论研究表明,在这个领域中的经验无可争辩地导致了关于电磁现象的一个理论，而真空中光速恒定定律是这个理论的必然推论。因此，尽管不曾发现与相对性原理相抵触的实验数据，许多著名的理论物理学家还是比较倾向于舍弃相对性原理。

相对论就是在这个关头产生的。由于分析了时间和空间的物理概念，人们开始清楚地看到，相对性原理和光的传播定律实际上丝毫没有抵触之处，如果系统地贯彻这两个定律，就能够得到一个逻辑严谨的理论。这个理论已称为狭义相对论，以区别于推广了的理论，对于广义理论我们将留待以后再去讨论。下面我们将叙述狭义相对论的基本观念。

8. 物理学的时间观

在我们的铁路路基上彼此相距相当远的两处 A 和 B,雷电击中了铁轨。我再补充一句,这两处的雷电闪光是同时发生的。如果我问你这句话有没有意义,你会很肯定地回答说“有”。但是,如果我接下去请你更确切地向我解释一下这句话的意义,那么你再考虑一下以后就会感到回答这个问题并不像乍看起来那样容易。

经过一些时间的考虑之后,你或许会想出如下的回答:“这句话的意义本来就是清楚的,不必需再加解释;当然,如果要我用观测的方法来确定在实际情况中这两个事件是否同时发生的,我就需要考虑考虑。”对于这个答复我不能感到满意,理由如下。假定有一位能干的气象学家经过巧妙的思考发现闪电必然同时击中 A 处和 B 处的话,那么我们就面对着这样的任务,即必须检验一下这个理论结果是否与实际相符。

在一切物理陈述中凡是含有“同时”概念之处，我们都遇到了同样的困难。对于物理学家而言，在他有可能判断一个概念在实际情况中是否真被满足以前，这概念就还不能成立。因此我们需要有这样一个同时性定义，这定义必须能提供一个方法，以便在本例中使物理学家可以用这个方法通过实验来确定那两处雷击是否真正同时发生。如果在这个要求还没有得到满足以前，我就认为我能够赋予同时性这个说法以某种意义，那么作为一个物理学家，这就是自欺欺人（当然，如果我不是物理学家也是一样）。（请读者完全搞通这一点之后再继续读下去。）

在经过一些时间的思考之后，你提出下列建议来检验同时性。沿着铁轨测量就可以量出连线 AB 的长度，然后把一位观察者安置在距离 AB 的中点 M。这位观察者应备有一种装置（例如相互成 90°的两面镜子），使他用目力一下子就能够既观察到 A 处又观察到 B 处。如果这位观察者的视神经在同一时刻感觉到这两处雷电闪光，那么这两处雷电闪光就必定是同时的。

对于这个建议我感到十分高兴,但是尽管如此我仍然不能认为问题已经完全解决,因为我感到不得不提出以下的不同意见:“如果我能够知道,观察者站在 M 处赖以看到闪电的那些光,从 A 传播到 M 的速度与从 B 传播到 M 的速度确实相同,那么你的定义当然是对的。但是,要对这个假定进行验证,只有我们已经掌握测量时间的方法才有可能。因此从逻辑上看来我们好像尽是在这里兜圈子。”

经过进一步考虑后,你带着些轻蔑的神气瞟我一眼(这是无可非议的),并宣称,“尽管如此,我仍然维持我先前的定义,因为实际上这个定义完全没有对光做过任何假定。对于同时性的定义仅有一个要求,那就是在每一个实际情况中这个定义必须为我们提供一个实验方法来判断所规定的概念是否真被满足。我的定义已经满足这个要求是无可争辩的。光从 A 传播到 M 与从 B 传播到 M 所需时间相同,这实际上既不是关于光的物理性质的假定,也不是关于光的物理性质的假说,而仅是为了得出同时性的定义我按照我自己的自由意志所能做出的一种规定。”

显然这个定义不仅能够对两个事件的同时性，还能够对我们愿意选定的任意多个事件的同时性规定出一个确切的意义，而与这些事件发生的地点相对于参考物体（在这里就是铁路路基）的位置无关。[①] 由此我们也可以得出物理学的“时间”定义。为此，我们假定把构造完全相同的钟放在铁路线（坐标系）上的 A、B 和 C 诸点上，并这样校准它们，使它们的指针同时（按照上述意义来理解）指着相同的位置。在这些条件下，我们把一个事件的“时间”理解为放置在该事件的（空间）最邻近处的那个钟上的读数（指针所指位置）。这样，每一个本质上可以观测的事件都有一个时间数值与之相联系。

这个规定还包含着另一个物理假说，如果没有相反的实验证据的话，这个假说的有效性是不大会被人怀疑的。这里已经假定，如果所有这些钟的构造完全一样，它们就以同样的时率走动。说得更确切些：如果我们这

---

① 我们进一步假定，如果有三个事件 A、B 和 C 在不同地点按照下列方式发生，即 A 与 B 同时，而 B 又与 C 同时（同时的意义按照上述定义来理解），那么 A 和 C 这一对事件的同时性的判据就也得到了满足。这个假定是关于光的传播定律的一个物理假说；如果我们支持真空中光速恒定定律，这个假定就必然被满足。

样校准静止在一个参考物体的不同地方的两个钟,使其中一个钟的指针指着某一个特定的位置的同时(按照上述意义来理解),另一个钟的指针也指着相同的位置,那么完全相同的“指针位置”就总是同时的(同时的意义按照上述定义来理解)。

9. 同时性的相对性

到目前为止，我们的论述一直是参照我们称之为“铁路路基”的一个特定的参考物体来进行的。假设有一列很长的火车，以恒速 v 沿着图 1 所标明的方向在轨道上行驶。在这列火车上旅行的人们可以很方便地把火车当作刚性参考物体（坐标系）；他们参照火车来观察一切事件。因而，在铁路线上发生的每一个事件也在火车上某一特定的地点发生。而且完全和相对于路基所作的同时性定义一样，我们也能够相对于火车做出同时性的定义。但是，作为一个自然的推论，下述问题就随之产生：

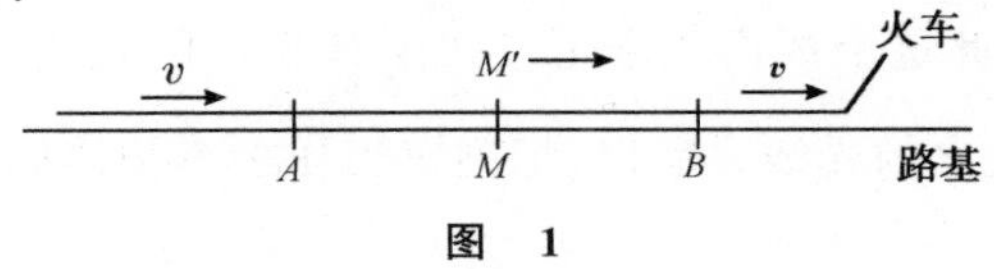

图　1

对于铁路路基来说是同时的两个事件(例如 A、B 两处雷击),对于火车来说是否也是同时的呢？我们将直接证明,回答必然是否定的。

当我们说 A、B 两处雷击相对于路基而言是同时的,我们的意思是：在发生闪电的 A 处和 B 处所发出的光,在路基 $A \rightarrow B$ 这段距离的中点 M 相遇。但是事件 A 和 B 也对应于火车上的 A 点和 B 点。令 M' 为在行驶中的火车上 $A \rightarrow B$ 这段距离的中点。正当雷电闪光发生的时候,[①]点 M' 自然与点 M 重合,但是点 M' 以火车的速度 v 向图中的右方移动。如果坐在火车上 M' 处的一个观察者并不具有这个速度,那么他就总是停留在 M 点,雷电闪光 A 和 B 所发出的光就同时到达他这里,也就是说正好在他所在的地方相遇。可是实际上(相对于铁路路基来考虑)这个观察者正在朝着来自 B 的光线急速行进,同时他又是在来自 A 的光线的前方向前行进。因此这个观察者将先看见自 B 发出的光线,后看见自 A 发出的光线。所以,把列车当作参考物体的观察者

---

① 从路基上判断。

就必然得出这样的结论，即雷电闪光 B 先于雷电闪光 A 发生。这样我们就得出以下的重要结果：

对于路基是同时的若干事件，对于火车并不是同时的，反之亦然（同时性的相对性）。每一个参考物体（坐标系）都有它本身的特殊的时间；除非我们讲出关于时间的陈述是相对于哪一个参考物体的，否则关于一个事件的时间的陈述就没有意义。

在相对论创立以前，在物理学中一直存在着一个隐含的假定，即时间的陈述具有绝对的意义，亦即时间的陈述与参考物体的运动状态无关。但是我们刚才看到，这个假定与最自然的同时性定义是不相容的；如果我们抛弃这个假定，那么真空中光的传播定律与相对性原理之间的抵触（详见第 7 节）就消失了。

这个抵触是根据第 6 节的论述推论出来的，这些论点现在已经站不住脚了。在该节我们曾得出这样的结论：在车厢里的人如果相对于车厢每秒走距离 w，那么在每一秒钟的时间里他相对于路基也走了相同的一段距离。但是，按照以上论述，相对于车厢发生一特定事件所需要的时间，绝不能认为就等于从路基（作为参考物体)上判断的发生同一事件所需要的时间。因此我们不能硬说在车厢里走动的人相对于铁路线走距离 w 所需的时间从路基上判断也等于一秒钟。

此外,第 6 节的论述还基于另一个假定。按照严格的探讨看来,这个假定是任意的,虽然在相对论创立以前人们一直在物理学中隐藏着这个假定。

10. 距离概念的相对性

我们来考虑火车上的两个特定的点，[①]火车以速度 v 在铁路上行驶，现在要研究这两个点之间的距离。我们已经知道，测量一段距离，需要有一个参考物体，以便相对于这个物体量出这段距离的长度。最简单的办法是利用火车本身作为参考物体（坐标系）。在火车上的一个观察者测量这段间隔的方法是用他的量杆沿着一条直线（例如沿着车厢的地板）一下一下地量，从一个给定的点到另一个给定的点需要量多少下他就量多少下。这个量杆需要量多少下的那个数字就是所求的距离。

如果火车上的这段距离需要从铁路线上来判断，那就是另一回事了。这里可以考虑使用下述方法。如果我们把需要求出其距离的火车上的两个点称为 A' 和

① 例如第 1 节车厢的中点和第 20 节车厢的中点。

B',那么这两个点是以速度 v 沿着路基移动的。首先,我们需要在路基上确定两个对应点 A 和 B,使其在一特定时刻 t 恰好各为 A'和 B'所通过(由路基判断)。路基上的 A 点和 B 点可以引用第 8 节所提出的时间定义来确定。然后,再用量杆沿着路基一下一下地量取 A、B 两点之间的距离。

从先验的观点来看,丝毫不能肯定这次测量的结果会与第一次在火车车厢中测量的结果完全一样。因此,在路基上量出的火车长度可能与在火车上量出的火车长度不同。这种情况使我们有必要对第 6 节中从表面上看来是明白的论述提出第二个不同意见。就是,如果在车厢里的人在单位时间内走了一段距离 w(在火车上测量的),那么这段距离如果在路基上测量并不一定也等于 w。

11. 洛伦兹变换

第 8、第 9、第 10 节的结果表明，光的传播定律与相对性原理的表面抵触（第 7 节）是根据这样一种考虑推导出来的，这种考虑从经典力学借用了两个不确当的假设；这两个假设就是：

(1) 两事件的时间间隔（时间）与参考物体的运动状况无关。

(2) 一刚体上两点的空间间隔（距离）与参考物体的运动状况无关。

如果我们舍弃这两个假设，第 7 节中的两难局面就会消失，因为第 6 节所导出的速度相加定理就失效了。看来真空中光的传播定律与相对性原理是可以相容的，因此就产生这样的问题：我们如何修改第 6 节的论述以便消除这两个基本经验结果之间的表面矛盾？这个问题导致了一个普遍性问题。在第 6 节的讨论中,我们既要相对于火车又要相对于路基来谈地点和时间。如果我们已知一事件相对于铁路路基的地点和时间,如何求出该事件相对于火车的地点和时间呢?对于这个问题能否想出使真空中光的传播定律与相对性原理不相抵触的解答?换言之,我们能否设想,在各个事件相对于一个参考物体的地点和时间与各事件相对于另一个参考物体的地点和时间之间存在着这样一种关系,使得每一条光线无论相对于路基还是相对于火车,它的传播速度都是 c 呢?这个问题获得了一个十分明确的肯定解答,并且导致了用来把一个事件的空时量值从一个参考物体变换到另一个参考物体的一个十分明确的变换定律。

在我们讨论这一点之前,我们将先提出需要附带考虑的下列问题。到目前为止,我们仅考虑了沿着路基发生的事件,这个路基在数学上必须假定它起一条直线的作用。如第 2 节所述,我们可以设想这个参考物体在横向和竖向各予补充一个用杆构成的框架,以便参照这个框架确定任何一处发生的事件的空间位置。同样,我们可以设想火车以速度 v 继续不断地横亘整个空间行驶着，这样，无论一事件有多远，我们也都能参照另一个框架来确定其空间位置。我们尽可不必考虑这两套框架实际上会不会因固体的不可入性而不断地相互干扰的问题；这样做不至于造成任何根本性的错误。我们可以设想，在每一个这样的框架中，画出三个互相垂直的面，称之为“坐标平面”（在整体上这些坐标平面共同构成一个“坐标系”）。于是，坐标系 K 对应于路基，坐标系 K' 对应于火车。一事件无论在何处发生，它在空间中相对于 K 的位置可以由坐标平面上的三条垂线 x, y, z 来确定，时间则由一时间量值 t 来确定。相对于 K'，此同一事件的空间位置和时间将由相应的量值 x', y', z', t' 来确定，这些量值与 x, y, z, t 当然并不是全等的。关于如何将这些量值看作物理测量的结果，上面已做了详细的叙述。

显然我们面临的问题可以精确地表述如下。若一事件相对于 K 的 x, y, z, t 诸量值已经给定，问同一事件相对于 K' 的 x', y', z', t' 诸量值为何？在选定关系式时，无论是相对于 K 或是相对于 K'，对于同一条光线而言(当然对于每一条光线都必须如此)真空中光的传播定律必须被满足。若这两个坐标系在空间中的相对取向如图 2 所示：

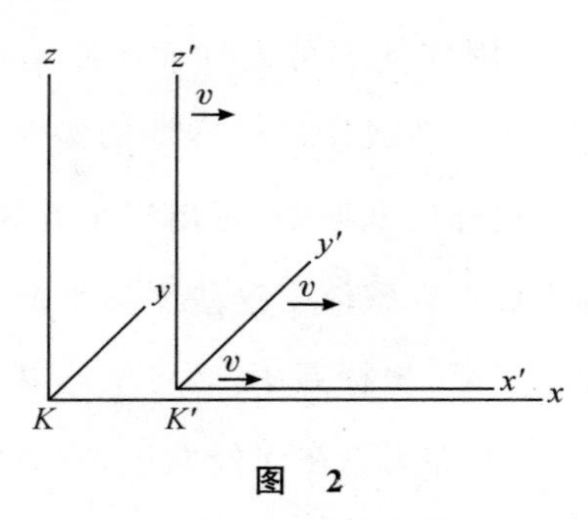

图 2

这个问题就可以由下列方程组解出：

$$x'=\frac{x-vt}{\sqrt{1-\frac{v^2}{c^2}}}$$

$$y'=y$$

$$z'=z$$

$$t'=\frac{t-\frac{v}{c^2}\cdot x}{\sqrt{1-\frac{v^2}{c^2}}}$$

这个方程组称为“洛伦兹变换”。

如果我们不根据光的传播定律，而根据旧力学中所隐含的时间和长度具有绝对性的假定，那么我们所得到的就不会是上述方程组，而是如下的方程组：

$$x' = x - vt$$

$$y' = y$$

$$z' = z$$

$$t' = t$$

这个方程组通常称为“伽利略变换”。

在洛伦兹变换方程中，我们如以无穷大值代换光速 c，就可以得到伽利略变换方程。

通过下述例示，我们可以很容易地看到，按照洛伦兹变换，无论对于参考物体 K 还是对于参考物体 K'，真空中光的传播定律都是被满足的，例如，沿着正 x 轴发出一个光信号，这个光刺激按照下列方程前进

$$x = ct$$

亦即以速度 c 前进。按照洛伦兹变换方程，x 和 t 之间有了这个简单的关系，则在 x' 和 t' 之间当然也存在着一个相应的关系。事实也正是如此：把 x 的值 ct 代入洛伦兹变换的第一个和第四个方程中，我们就得到：

$$x' = \frac{(c-v)t}{\sqrt{1-\frac{v^2}{c^2}}}$$

$$t' = \frac{\left(1-\frac{v}{c}\right)t}{\sqrt{1-\frac{v^2}{c^2}}}$$

这两方程相除,即直接得出下式:

$$x' = ct'$$

亦即参照坐标系 K',光的传播应当按照此方程式进行。由此我们看到,光相对于参考物体 K' 的传播速度同样也是等于 c。对于沿着任何其他方向传播的光线我们也得到同样的结果。当然,这一点是不足为奇的,因为洛伦兹变换方程就是依据这个观点推导出来的。

12. 量杆和钟在运动时的行为

我沿着 K' 的 x' 轴放置一根米尺，令其一端（始端）与点 $x'=0$ 重合，另一端（末端）与点 $x'=1$ 重合。问米尺相对于参考系 K 的长度为何？要知道这个长度，我们只需要求出在参考系 K 的某一特定时刻 t、米尺的始端和末端相对于 K 的位置。借助于洛伦兹变换第一方程，该两点在时刻 $t=0$ 的值可表示为

$$x_{(\text{米尺始端})}=0\sqrt{1-\frac{v^2}{c^2}}$$

$$x_{(\text{米尺末端})}=1\sqrt{1-\frac{v^2}{c^2}}$$

两点间的距离为 $\sqrt{1-\frac{v^2}{c^2}}$。但米尺相对于 K 以速度 v 运动。因此，沿着其本身长度的方向以速度 v 运动的刚

性米尺的长度为$\sqrt{1-v^2/c^2}$米。因此刚尺在运动时比在静止时短,而且运动得越快刚尺就越短。当速度$v=c$,我们就有$\sqrt{1-v^2/c^2}=0$,对于较此更大的速度,平方根就变为虚值。由此我们得出结论:在相对论中,速度c具有极限速度的意义,任何实在的物体既不能达到也不能超出这个速度。

当然,速度c作为极限速度的这个特性也可以从洛伦兹变换方程中清楚地看到,因为如果我们选取比c大的v值,这些方程就没有意义。

反之,如果我们所考察的是相对于K静止在x轴上的一根米尺,我们就应该发现,当从K'去判断时,米尺的长度是$\sqrt{1-v^2/c^2}$,这与相对性原理完全相合,而相对性原理是我们进行考察的基础。

从先验的观点来看,显然我们一定能够从变换方程中对量杆和钟的物理行为有所了解,因为x,y,z,t诸量不多也不少,正是借助于量杆和钟所能获得的测量结果。如果我们根据伽利略变换进行考察,我们就不会得出量杆因运动而收缩的结果。

我们现在考虑永久放在 K' 的原点($x'=0$)上的一个按秒报时的钟。$t'=0$ 和 $t'=1$ 对应于该钟接连两声滴答。对于这两次滴答,洛伦兹变换的第一个和第四个方程给出:

$$t=0$$

和

$$t=\frac{1}{\sqrt{1-\frac{v^2}{c^2}}}$$

从 K 去判断,该钟以速度 v 运动;从这个参考物体去判断,该钟两次滴答之间所经过的时间不是 1 秒,而是 $\frac{1}{\sqrt{1-\frac{v^2}{c^2}}}$ 秒,亦即比 1 秒钟长一些。该钟因运动而比静止时走得慢了。速度 c 在这里也具有一种不可达到的极限速度的意义。

13. 速度相加定理　斐索实验

在实践上我们使钟和量杆运动所能达到的速度与光速相比是相当小的;因此我们不大可能将前节的结果直接与实践的情况比较。但是,另一方面,这些结果必然会使读者感到十分奇特;因此,我将从这个理论再来推出另外一个结论,这个结论很容易从前面的论述中推导出来,而且这个结论已十分完美地为实验所证实。

在第 6 节我们推导出同向速度相加定理,其所取形式也可以由经典力学的假设推出。这个定理也可以很容易地由伽利略变换(第 11 节)推演出来。我们引进相对于坐标系 K'按照下列方程运动的一个质点来代替在车厢里走动的人

$$x' = wt'$$

借助于伽利略变换的第一个和第四个方程,我们可以用 x 和 t 来表示 x'和 t',我们得到其间的关系式

$$x=(v+w)t$$

这个方程所表示的正是该点相对于坐标系 K 的运动定律(人相对于路基的运动定律)。我们用符号 W 表示这个速度,像在第 6 节一样,我们得到

$$W=v+w \tag{A}$$

但是我们同样也可以根据相对论来进行这一探讨。在方程

$$x'=wt'$$

中我们必须引用**洛伦兹变换**的第一个和第四个方程借以用 x 和 t 来表示 x' 和 t'。这样我们得到的就不是方程(A),而是方程

$$w=\frac{v+w}{1+\frac{vw}{c^2}} \tag{B}$$

这个方程对应于以相对论为依据的另一个同向速度相加定理。现在引起的问题是这两个定理哪一个更好地与经验相符合。关于这个问题,我们可以从杰出的物理学家斐索在半个多世纪以前所做的一个极为重要的实验上得到启发,这个实验在后来曾由一些最优秀的实验物理学家重新做过,因此,这个实验的结果是无可怀疑

的。这个实验涉及下述问题。光以特定速度 w 在静止的液体中传播。现在如果上述液体以速度 v 在管 T 内流动，那么光在管内沿箭头(图 3)所指方向的传播速度有多快呢?

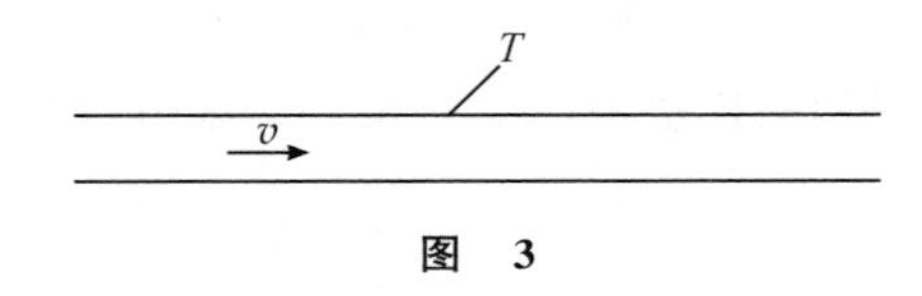

图 3

按照相对性原理，我们当然必须认定光相对于液体总是以同一速度 w 传播的，不论此液体相对于其他物体运动与否。因此，光相对于液体的速度和液体相对于管的速度皆为已知，我们需要求出光相对于管的速度。

显然我们又遇到了第 6 节所论述的问题。管相当于铁路路基或坐标系 K，液体相当于车厢或坐标系 K'，而光则相当于沿着车厢走动的人或本节所引进的运动质点。如果我们用 W 表示光相对于管的速度，那么 W 就应按照方程(A)或方程(B)计算，视伽利略变换符合实际还是洛伦兹变换符合实际而定。实验[①]做出的决定是支持由相对论推出的方程(B)，而且其符合的程度的确是很精确的。根据塞曼最近所做的极其卓越的测量，液体流速 v 对光的传播的影响确实可以用公式(B)来表示，而且其误差恒在百分之一以内。

然而我们必须注意到这一事实，即早在相对论提出以前，洛伦兹就已经提出了关于这个现象的一个理论。这个理论纯属电动力学性质，并且是引用关于物质的电磁结构的特别假说而得出的。然而这种情况丝毫没有减弱这个实验作为支持相对论的判决试验的确实性，因为原始的理论是由麦克斯韦-洛伦兹电动力学建立起来的，而后者与相对论并无丝毫抵触之处。说得更恰当些，相对论是由电动力学发展而来的，是以前相互独立的用以组成电动力学本身的各个假说的一种异常简明的综合和概括。

---

① 斐索发现$W=w+v\left(1-\frac{1}{n^2}\right)$，其中$n=\frac{c}{w}$是液体的折射率。另一方面由于$\frac{vw}{c^2}$与 1 相比相当小，我们可以首先用 $W=(v+w)\left(1-\frac{vw}{c^2}\right)$代替(B)，因而按照同一级的近似程度可以再用 $W=w+v\left(1-\frac{1}{n^2}\right)$代替(B)，而此式是与斐索的实验结果相符合的。

14. 相对论的启发作用

我们在前面各节的思路可概述如下。经验导致这样的论断,即一方面相对性原理是正确的,另一方面光在真空中的传播速度必须认为等于恒量 c。把这两个公理结合起来我们就得到有关构成自然界过程诸事件的直角坐标 x,y,z 和时间 t 在量值上的变换定律。关于这一点,与经典力学不同,我们所得到的不是伽利略变换,而是洛伦兹变换。

在这个思考过程中,光的传播定律——这是根据我们的实际知识有充分理由加以接受的一个定律——起了重要的作用。然而一旦有了洛伦兹变换,我们就可以把洛伦兹变换和相对性原理结合起来,并将得出的理论总括如下:

每一个普遍的自然界定律必须是这样建立的:若我们引用新的坐标系 K' 的空时变量 x',y',z',t'

来代替原来的坐标系 K 的空时变量 x, y, z, t，则经过变换以后该定律仍将取与原来完全相同的形式。这里，不带撇的量和带撇的量之间的关系就由洛伦兹变换公式来决定。或简言之：普遍的自然界定律对于洛伦兹变换是协变的。

这是相对论对自然界定律所要求的一个明确的数学条件。因此，相对论在帮助探索普遍的自然界定律中具有宝贵的启发作用。反之，如果发现一个具有普遍性的自然界定律并不满足这个条件的话，就证明相对论的两个基本假定之中至少有一个是不正确的。现在让我们来看一看到目前为止相对论已确立了哪些普遍性结果。

15. 狭义相对论的普遍性结果

我们前面的论述清楚地表明,(狭义)相对论是从电动力学和光学发展出来的。在电动力学和光学的领域中,狭义相对论对理论的预料并未做多少修改;但狭义相对论大大简化了理论的结构,亦即大大简化了定律的推导,而且更加重要得多的是狭义相对论大大减少了构成理论基础的独立假设的数目。狭义相对论使得麦克斯韦-洛伦兹理论看起来好像很合理,以致即使实验没有明显地予以支持,这个理论也能为物理学家普遍接受。

经典力学需要经过修改才能与狭义相对论的要求取得一致。但是此种修改大体上只对物质的速度 v 比光速小得不多的高速运动定律有影响。我们只有在电子和离子的问题上才能遇到这种高速运动;对于其他运动则狭义相对论所得结果与经典力学定律相差极微,以致在实践中此种差异未能明确地表现出来。在我们未开始

讨论广义相对论以前，将暂不考虑星体的运动。按照相对论，具有质量 m 的质点的动能不能再由众所周知的公式

$$m\frac{v^2}{2}$$

来表达，而是应由另一公式

$$\frac{mc^2}{\sqrt{1-\frac{v^2}{c^2}}}$$

来表达。当速度 v 趋近于光速 c 时，此式趋近于无穷大。因此，无论用于产生加速度的能量有多大，速度 v 必然总是小于 c。若将动能的表示式以级数形式展开，即得

$$mc^2+m\frac{v^2}{2}+\frac{3}{8}m\frac{v^4}{c^2}+\cdots$$

若$\frac{v^2}{c^2}$与 1 相比时相当微小，上式第三项与第二项相比也总是相当微小，所以在经典力学中一般不予计入而只考虑其中的第二项。第一项 mc^2 并不包含速度 v，若我们只讨论质点的能量如何依速度而变化的问题，这一项也就不必加以考虑。我们将在以后再叙述它的本质上的意义。

狭义相对论导致的具有普遍性的最重要的结果是

关于质量的概念。在相对论创立前,物理学确认两个具有基本重要性的守恒定律,即能量守恒定律和质量守恒定律;过去这两个基本定律看起来好像是完全相互独立的。借助于相对论,这两个定律已结合为一个定律。我们将简单地考察一下此种结合是如何实现的,并且会具有什么么意义。

按照相对性原理的要求,能量守恒定律不仅对于坐标系 K 是成立的,而且对于每一个相对于 K 做匀速平移运动的坐标系 K' 也应当是成立的,或简言之,对于每一个"伽利略"坐标系都应该能够成立。与经典力学不同,从一个这样的坐标系过渡到另一个这样的坐标系时,洛伦兹变换是决定性的因素。

通过较为简单的探讨,我们就可以根据这些前提并结合麦克斯韦电动力学的基本方程得出以下结论:若一物体以速度 v 运动,以吸收辐射的形式吸收了相当的能量 E_0[①],在此过程中并不变更它的速度,则该物体因吸收而增加的能量将为

① E_0 是所吸收的能量,是从与物体一起运动的坐标系判断的。

$$\frac{E_0}{\sqrt{1-\frac{v^2}{c^2}}}$$

考虑上述的物体动能表示式,就得到所求的物体的能量为

$$\frac{\left(m+\frac{E_0}{c^2}\right)c^2}{\sqrt{1-\frac{v^2}{c^2}}}$$

这样,该物体所具有的能量就与一个质量为 $\left(m+\frac{E_0}{c^2}\right)$、并以速度 v 运动的物体所具有的能量一样。因此我们可以说:若一物体吸收能量 E_0,则其惯性质量亦应增加一个 $\frac{E_0}{c^2}$ 的量;可见物体的惯性质量并不是一个恒量,而是随物体的能量的改变而改变的。甚至可以认为一个物系的惯性质量就是它的能量的量度。于是一个物系的质量守恒定律与能量守恒定律就成为同一的了,而且这质量守恒定律只有在该物系既不吸收也不放出能量的情况下才是正确的。现在将能量的表示式写成如下形式

$$\frac{mc^2 + E_0}{\sqrt{1 - \frac{v^2}{c^2}}}$$

我们看到,一直在吸引我们注意的 mc^2 只不过是物体在吸收能量 E_0 以前原来具有的能量。[①]

目前(指 1920 年;见本节末尾英文版附注)要将这个关系式与实验直接比较是不可能的,因为我们还不能够使一个物系发生的能量变化 E_0 大到足以使所引起的惯性质量变化达到可以观察的程度。与能量发生变化前已存在的质量 m 相比,$\frac{E_0}{c^2}$是太小了。由于这种情况,经典力学才能够将质量守恒确立为一个具有独立有效性的定律。

最后让我就一个基本问题再说几句话。电磁超距作用的法拉第-麦克斯韦解释所获得的成功使物理学家确信,像牛顿万有引力定律类型的那种(不涉及中介媒质的)瞬时超距作用是没有的。按照相对论,我们总是用以光速传播的超距作用来代替瞬时超距作用(亦即以

---

① 从与物体一起运动的坐标系判断。

无限大速度传播的超距作用)。这点与速度 c 在相对论中起着重要作用的事实有关。在本书第二部分我们将会看到广义相对论如何修改了这一结果。

【英文版附注】 随着用 α 粒子、质子、氘核、中子或 γ 射线轰击元素而引起的核变化过程的实现,由关系式 $E=mc^2$ 表示的质能相当性已得到充分的证实。参与反应的各质量之和再加上轰击粒子(或光子)动能的等效质量,总是大于反应后所产生的各质量之和。两者之差就是所产生的粒子的动能的等效质量,或者是所放出的电磁能(γ 光子)的等效质量。同样,一个自发蜕变的放射性原子的质量,总是大于蜕变后所产生的各原子的质量之和,其差为所产生的粒子的动能的等效质量(或光子能的等效质量)。对核反应中所发出的光的能量进行测量,再结合此种反应的方程,就能够以很高的精确度计算出原子量。

罗伯特·伍·罗森
(Robert W. Lawson)

16. 经验和狭义相对论

狭义相对论在多大的程度上得到经验的支持呢?这个问题是不容易回答的。不容易回答的理由已经在叙述斐索的重要实验时讲过了。狭义相对论是从麦克斯韦和洛伦兹关于电磁现象的理论中衍化出来的。因此,所有支持电磁理论的经验事实也都支持相对论。在这里我要提一下具有特别重要意义的一个事实,即相对论使我们能够预示地球对恒星的相对运动对于从恒星传到我们这里的光所产生的效应。

这些结果是以极简单的方式获得的,而所预示的效应已证明是与经验相符合的。我们所指的是地球绕日运动所引起的恒星视位置的周年运动(光行差),以及恒星对地球的相对运动的径向分量对于从这些恒星传到我们这里的光的颜色的影响。后一个效应表现为,从恒星传播到我们这里的光的光谱线的位置与在地球上的光源所产生的相同的光谱线的位置相比确有微小的移动(多普勒原理)。支持麦克斯韦-洛伦兹理论同时也是支持相对论的实验论据多得不胜枚举。实际上这些论据对理论的可能性的限制已达到了只有麦克斯韦和洛伦兹的理论才能经得起经验的检验的程度。

但是有两类已获得的实验事实直到现在为止只有在引进一个辅助假设后才能用麦克斯韦-洛伦兹的理论来表示,而这个辅助假设就其本身而论(亦即如果不引用相对论的话)似乎是不能与麦克斯韦-洛伦兹理论联系在一起的。

大家知道,阴极射线和放射性物质发射出来的所谓 β 射线是由惯性很小而速度相当大的带负电的粒子(电子)构成的。考察一下此类射线在电场和磁场影响下的偏斜,我们就能够很精确地研究这些粒子的运动定律。

在对这些电子进行理论描述时,我们遇到了困难,即电动力学理论本身不能解释电子的本性。因为由于同号的电质量相互排斥,构成电子的负的电质量在其本身相互排斥的影响下就必然会离散,否则一定存在着另外一种力作用于它们之间,但这种力的本性到目前为止我们还未清楚。[①] 如果我们假定构成电子的电质量相互之间的相对距离在电子运动的过程中保持不变(即经典力学中所说的刚性连接),那么我们就会得出一个与经验不相符合的电子运动定律。洛伦兹是根据纯粹的形式观点引进下述假设的第一人,他假设电子的外形由于电子运动而在运动的方向发生收缩,收缩的长度与$\sqrt{1-\frac{v^2}{c^2}}$成正比,这个没有被任何电动力学事实所证明的假设却给了我们一个在近年来以相当高的精确度得到证实的特别的运动定律。

相对论也导致了同样的运动定律,而不用借助于关于电子的结构和行为的任何特别假设。我们在第 13 节叙述斐索的实验时也得出了相似的结论,相对论预言了这个实验的结果,而不必引用关于液体的物理本性的假设。

我们所指的第二类事实涉及这样的问题,即地球在

① 按照广义相对论,很可能电子的电质量是由于引力的作用而集结在一起的。

空间中的运动能否用在地球上所做的实验来观察。我们已在第5节谈过，所有这类企图都导致了否定的结果。在相对论提出以前，人们很难接受这个否定的结果，我们现在来讨论一下难以接受的原因。

对于时间和空间的传统偏见不容许对伽利略变换在从一个参考物体变换到另一个参考物体中所占有的首要地位产生任何怀疑。设麦克斯韦-洛伦兹方程对于一个参考物体 K 是成立的，那么如果假定坐标系 K 和相对于 K 做匀速运动的坐标系 K' 之间存在着伽利略变换关系，我们就会发现这些方程对于 K' 不能成立。由此看来，在所有的伽利略坐标系中，必然有一个对应于一种特别运动状态的坐标系（K）具有物理的唯一性。过去对这个结果的物理解释是，K 相对于假设的空间中的以太是静止的。另一方面，所有相对于 K 运动着的坐标系 K' 就被认为都是在相对于以太运动着。因此，曾假定为对于 K' 能够成立的运动定律所以比较复杂是由于 K' 相对于以太运动（相对于 K' 的"以太漂移"）之故。严格地说，应该假定这样的以太漂移相对于地球也是存在的。因此，长期以来，物理学家们对于企图探测地球表面上是否存在着以太漂移的工作曾付出很大努力。

这些企图中最值得注意的一种是迈克尔逊所设计的方法,看来这方法好像必然会具有决定性的意义。设想在一个刚体上安放两面镜子,使这两面镜子的反光面相互面对。如果整个系统相对于以太保持静止,那么光线从一面镜子射到另一面镜子然后再返回就需要一个完全确定的时间 T。但根据计算推出,如果该刚体连同镜子相对于以太是在运动着的话,则上述过程就需要一个略微不同的时间 T'。还有一点:计算表明,若相对于以太运动的速度规定为同一速度 v,则物体垂直于镜子平面运动时的 T' 又将与运动平行于镜子平面时的 T' 不相同。虽然计算出来的这两个时间的差别极其微小,不过在迈克尔逊和莫雷所做的利用光的干涉的实验中,这两个时间的差别应该还是能够清楚地观察得到的。但是他们的实验却得出了完全否定的结果。这是一件使物理学家感到极难理解的事情。

洛伦兹和斐兹杰拉德曾经从这种困难的局面中把理论解救出来,他们的解法是假定物体相对于以太的运动能使物体沿运动的方向发生收缩,而其收缩量恰好足以补偿上面提到的时间上的差别。若与第 12 节的论述相比较，可以指出：从相对论的观点来看，这种解决困难的方法也是对的。但是若以相对论为基础，则其解释的方法远远要更为令人满意。按照相对论，并没有“特别优越的”（唯一的）坐标系这样的东西可以用来作为引进以太观念的理由，因此不可能有什么以太漂移，也不可能有用以演示以太漂移的任何实验。在这里运动物体的收缩是完全从相对论的两个基本原理推出来的，并不需要引进任何特定假设；至于造成这种收缩的首要因素，我们发现，并不是运动本身（对于运动本身我们不能赋予任何意义），而是对于参考物体的相对运动——这一参考物体是在具体实例中适当选定的。例如，对于一个与地球一起运动的坐标系而言，迈克尔逊和莫雷的镜子系统并没有缩短，但是对于一个相对于太阳保持静止的坐标系而言，这个镜子系统确是缩短了。

17. 闵可夫斯基四维空间

一个人如果不是数学家,当他听到"四维"的事物时,会激发一种像想起神怪事物时所产生的感觉而惊异起来。可是,我们所居住的世界是一个四维空时连续区这句话却是再平凡不过的说法。

空间是一个三维连续区。这句话的意思是,我们可以用三个数(坐标)x,y,z 来描述一个(静止的)点的位置,并且在该点的邻近处可以有无限多个点,这些点的位置可以用诸如 x_1,y_1,z_1 的坐标来描述,这些坐标的值与第一个点的坐标 x,y,z 的相应的值要多么近就可以有多么近。由于后一个性质,所以我们说这一整个区域是个"连续区";由于有三个坐标,所以我们说它是"三维"的。

与此相似,闵可夫斯基(Minkowski)简称为"世界"的物理现象的世界,就空时观而言,自然就是四维的。

因为物理现象的世界是由各个事件组成的，而每一个事件又是由四个数来描述的，这四个数就是三个空间坐标 x,y,z 和一个时间坐标——时间量值 t。具有这个意义的“世界”也是一个连续区；因为对于每一个事件而言，其“邻近”的事件（已感觉到的或至少可设想到的）我们愿意选取多少就有多少，这些事件的坐标 x_1,y_1,z_1,t_1 与最初考虑的事件的坐标 x,y,z,t 相差一个无穷小量。过去我们不习惯于把具有这个意义的世界看作是一个四维连续区是由于在相对论创立前的物理学中，时间充当着不同于空间坐标的更为独立的角色。由于这个理由，我们一向习惯于把时间看作一个独立的连续区。事实上，按照经典力学来看，时间是绝对的，亦即时间与坐标系的位置和运动状态无关。我们知道，这一点已在伽利略变换的最后一个方程中表示出来（$t'=t$）。

在相对论中，用四维方式来考察这个“世界”是很自然的，因为按照相对论时间已经失去了它的独立性。这已由洛伦兹变换的第四方程表明：

$$t' = \frac{t - \frac{v}{c^2} \cdot x}{\sqrt{1 - \frac{v^2}{c^2}}}$$

还有，按照这个方程，甚至在两事件相对于 K 的时间差 Δt 等于零的时候，该两事件相对于 K' 的时间差 $\Delta t'$ 一般也不等于零。两事件相对于 K 的纯粹“空间距离”成为该两事件相对于 K' 的“时间距离”。但是，对于相对论的公式推导具有重要作用的闵可夫斯基的发现并不在此。而是在他所认识到的这样的一个事实，即相对论的四维空时连续区在其最主要的形式性质方面与欧几里得几何空间的三维连续区有着明显的关系。但是，为了使这个关系所应有的重要地位得以表现出来，我们必须引用一个与通常的时间坐标 t 成正比的虚量 $\sqrt{-1} \cdot ct$ 来代换这个通常的时间坐标 t。在这种情况下，满足(狭义)相对论要求的自然界定律取这样的数学形式，其中时间坐标的作用与三个空间坐标的作用完全一样。在形式上，这四个坐标就与欧几里得几何学中的三个空间坐标完全相当。甚至不是数学家也必然会清楚地看到，由于补充了此种纯粹形式上的知识，使相对论能为人们明了的程度增进不少。

这些不充分的叙述只能使读者对于闵可夫斯基所贡献的重要观念有一个模糊的概念。没有这个观念，广义相对论（其基本观念将在本书下一部分加以阐述）恐怕就无法形成。闵可夫斯基的学说对于不熟悉数学的人来说无疑是难于接受的，但是，要理解狭义或广义相对论的基本观念并不需要十分精确地理解闵可夫斯基的学说。

所以目前我就谈到这里为止，而只在本书第二部分将近结束的地方再谈它一下。

第二部分

广义相对论

Part Ⅱ. The General Theory of Relativity

“如果我拾起一块石头，然后放开手，为什么石头会落到地上呢？”通常对于这个问题的回答是：“因为石头受到地球吸引。”现代物理所表述的回答则不大一样。

18. 狭义和广义相对性原理

作为我们以前全部论述的中心的一个基本原理是狭义相对性原理，亦即一切匀速运动具有物理相对性的原理，让我们再一次仔细地分析它的意义。

从我们由狭义相对性原理所接受的观念来看，每一种运动都只能被认为是相对运动，这一点一直是很清楚的。回到我们经常引用的路基和车厢的例子，我们可以用下列两种方式来表述这里所发生的运动，这两种表述方式是同样合理的：

(1) 车厢相对于路基而言是运动的；

(2) 路基相对于车厢而言是运动的。

我们在表述所发生的运动时，在(1)中是把路基当作参考物体；在(2)中是把车厢当作参考物体。如果问题仅仅是要探测或者描述这个运动而已，那么我们相对于哪一个参考物体来考察这一运动在原则上是无关紧要的。前面已经提到,这一点是自明的,但是这一点绝不可同我们已经用来作为研究的基础的、称之为“相对性原理”的更加广泛得多的陈述混淆起来。

我们所引用的原理不仅认为我们可以选取车厢也可以选取路基作为我们的参考物体来描述任何事件(因为这也是自明的),我们的原理所断言的乃是:如果我们表述从经验得来的普遍的自然界定律时引用

(1) 路基作为参考物体

(2) 车厢作为参考物体

那么这些普遍的自然界定律(例如力学诸定律或真空中光的传播定律)在这两种情况中的形式完全一样。这一点也可以表述如下:对于自然过程的物理描述而言,在参考物体 K, K' 中没有一个与另一个相比是唯一的(字面意义是“特别标出的”)。与第一个陈述不同,后一个陈述并不一定是根据推论必然成立的;这个陈述并不包含在“运动”和“参考物体”的概念中,也不能从这些概念推导出来;唯有经验才能确定这个陈述是正确的还是不正确的。

但是，到目前为止，我们根本没有认定所有参考物体 K 在表述自然界定律方面具有等效性。我们的思路主要是沿着下列路线走的。首先我们从这样的假定出发，即存在着一个参考物体 K，它所具有的运动状态使伽利略定律对于它而言是成立的：一质点若不受外界作用并离所有其他质点足够远，则该质点沿直线做匀速运动。参照 K(伽利略参考物体)表述的自然界定律应该是最简单的。但是除 K 以外，参照所有参考物体 K' 表述的自然界定律也应该是最简单的，而且，只要这些参考物体相对于 K 是处于匀速直线无转动运动状态，这些参考物体对于表述自然界定律应该与 K 完全等效；所有这些参考物体都应认为是伽利略参考物体。以往我们假定相对性原理只是对于这些参考物体才是有效的，而对于其他参考物体(例如具有另一种运动状态的参考物体)则是无效的。在这个意义上我们说它是狭义相对性原理或狭义相对论。

与此对比，我们把“广义相对性原理”理解为下述陈述：对于描述自然现象(表述普遍的自然界定律)而言，所有参考物 K、K' 都是等效的，不论它们的运动状态如何,但是在我们继续谈下去以前应该指出,这一陈述在以后必须代之以一个更为抽象的陈述,其理由要等到以后才会明白。

由于已经证明引进狭义相对性原理是合理的,因而每一个追求普遍化结果的人必然很想朝着广义相对性原理探索前进。但是从一种简单而表面上颇为可靠的考虑看来,似乎(至少就目前而论)这样一种企图是没有多少成功的希望的。让我们转回到此前所述,匀速向前行驶的火车车厢,来设想一番。只要车厢做匀速运动,车厢里的人就不会感到车厢的运动。由于这个理由,他可以毫不勉强地做这样的解释,即这个例子表明车厢是静止的,而路基是运动的。而且,按照狭义相对性原理,这种解释从物理观点来看也是十分合理的。

如果车厢的运动变为非匀速运动,例如使用制动器猛然刹车,那么车厢里的人就体验到一种相应的朝向前方的猛烈冲动。这种减速运动由物体相对于车厢里的人的力学行为表现出来。这种力学行为与上述的例子里的力学行为是不同的;因此,对于静止的或做匀速运动的车厢能成立的力学定律,看来不可能对于做非匀速运动的车厢也同样成立。无论如何,伽利略定律对于做非匀速运动的车厢显然是不成立的。由于这个原因,我们感到在目前不得不暂时采取与广义相对性原理相反的做法而特别赋予非匀速运动以一种绝对的物理实在性。但是在下面我们不久就会看到,这个结论是不能成立的。

19. 引　力　场

“如果我拾起一块石头,然后放开手,为什么石块会落到地上呢?”通常对于这个问题的回答是:“因为石块受地球吸引。”现代物理学所表述的回答则不大一样,其理由如下,对电磁现象更仔细地加以研究,使我们得出这样的看法,即如果没有某种中介媒质在其间起作用,超距作用这种过程是不可能的。例如,磁铁吸铁,如果认为这就是意味着磁铁通过中间的一无所有的空间直接作用于铁块,我们是不能感到满意的;我们不得不按照法拉第的方法,设想磁铁总是在其周围的空间产生某种具有物理实在性的东西,这种东西就是我们所称的“磁场”。而这个磁场又作用于铁块上,使铁块力求朝着磁铁移动。我们不在这里讨论这个枝节性的概念是否合理,这个概念的确是有些任意的。我们只提一下,借助于这个概念,电磁现象的理论表述要比不借助于这个概念满意得多,对于电磁波的传播尤其如此。我们也可以用相似的方式来看待引力的效应。

地球对石块的作用不是直接的。地球在其周围产生一引力场,引力场作用于石块,引起石块的下落运动。我们从经验得知,当我们离地球越来越远时,地球对物体的作用的强度按照一个十分确定的定律减小。从我们的观点来看,这意味着:为了正确表述引力作用如何随着物体与受作用物体的距离的增加而减小,支配空间引力场的性质的定律必须是一个完全确定的定律。大体上可以这样说:物体(例如地球)在其最邻近处直接产生一个场;场在离开物体的各点的强度和方向就由支配引力场本身的空间性质的定律确定。

与电场和磁场对比,引力场显示出一种十分显著的性质,这种性质对于下面的论述具有很重要的意义。在一个引力场的唯一影响下运动着的物体得到了一个加速度,这个加速度与物体的材料和物理状态都毫无关系。例如,一块铅和一块木头在一个引力场中如果都是从静止状态或以同样的初速度开始下落的,它们下落的方式就完全相同(在真空中)。这个非常精确的定律可以根据下述考虑以一种不同的形式来表述。

按照牛顿运动定律,我们有

(力)=(惯性质量)×(加速度)

其中“惯性质量”是被加速的物体的一个特征恒量。如果引力是加速度的起因,我们就有

(力)=(引力质量)×(引力场强度)

其中“引力质量”同样是物体的一个特征恒量。从这两个关系式得出:

$$(\text{加速度})=\frac{(\text{引力质量})}{(\text{惯性质量})}\times(\text{引力场强度})$$

如果正如我们从经验中所发现的那样,加速度是与物体的本性和状态无关的,而且在同一个引力场强度下,加速度总是一样的,那么引力质量与惯性质量之比对于一切物体而言也必然是一样的。适当地选取单位,我们就可以使这个比等于 1。因而我们就得出下述定律:物体的引力质量等于其惯性质量。

这个重要的定律过去确实已经记载在力学著作中,但是并没有得到解释。我们唯有承认一个事实才能得

到满意的解释，这个事实就是：物体的同一个性质按照不同的处境或表现为“惯性”，或表现为“重量”（字面意义是“重性”）。

在下一节我们将说明这个情况真实到何种程度，以及这个问题与广义相对性公理是如何联系起来的。

20. 惯性质量和引力质量相等是广义相对性公理的一个论据

我们设想在一无所有的空间中有一个相当大的部分,这里距离众星及其他可以感知的质量非常遥远,可以说我们已经近似地有了伽利略基本定律所要求的条件。这样就有可能为这部分空间(世界)选取一个伽利略参考物体,使对之处于静止状态的点继续保持静止状态,而对之做相对运动的点永远继续做匀速直线运动。

我们设想把一个像一间房子似的极宽大的箱子当作参考物体,里面安置一个配备有仪器的观察者。对于这个观察者而言引力当然并不存在。他必须用绳子把自己拴在地板上,否则他只要轻轻碰一下地板就会朝着房子的天花板慢慢地浮起来。

在箱子盖外面的当中,安装了一个钩子,钩上系有缆索。现在又设想有一"生物"(是何种生物对我们来说无关紧要)开始以恒力拉这根缆索。于是箱子连同观察者就要开始做匀加速运动"上升"。经过一段时间,它们的速度将会达到前所未有的高值——倘若我们从另一个未用绳牵的参考物体来继续观察这一切的话。

但是箱子里的人会如何看待这个过程呢?箱子的加速度要通过箱子地板的反作用才能传给他。所以,如果他不愿意整个人卧倒在地板上,他就必须用他的腿来承受这个压力。因此,他站立在箱子里实际上与站立在地球上的一个房间里完全一样。如果他松手放开原来拿在手里的一个物体,箱子的加速度就不会再传到这个物体上,因而这个物体就必然做加速相对运动而落到箱子的地板上。观察者将会进一步断定:物体朝向箱子的地板的加速度总是有相同的量值,不论他碰巧用来做实验的物体是什么。

依靠他对引力场的知识(如同在前节所讨论的),箱子里的人将会得出这样一个结论:他自己以及箱子是处在一个引力场中,而且该引力场对于时间而言是恒定不变的。当然他会一时感到迷惑不解为什么箱子在这个引力场中并不降落。但是正在这个时候他发现箱盖的正中有一个钩子,钩上系着缆索;因此他就得出结论,箱子是静止地悬挂在引力场中的。

我们是否应该讥笑这个人,说他的结论错了呢?如果我们要保持前后一致的话,我认为我们不应该这样说他;我们反而必须承认,他的思想方法既不违反理性,也不违反已知的力学定律。虽然我们先认定为箱子相对于"伽利略空间"在做加速运动,但是也仍然能够认定箱子处于静止中。因此我们确有充分理由可以将相对性原理推广到把相互做加速运动的参考物体也能包括进去的地步,因而对于相对性公理的推广也就获得了一个强有力的论据。

我们必须充分注意到,这种解释方式的可能性是以引力场使一切物体得到同样的加速度这一基本性质为基础的;这也就等于说,是以惯性质量和引力质量相等的这一定律为基础的。如果这个自然律不存在,处在作加速运动的箱子里的人就不能先假定出一个引力场来解释他周围物体的行为,他就没有理由根据经验假定他的参考物体是"静止的"。

假定箱子里的人在箱子盖内面系一根绳子，然后在绳子的自由端拴上一个物体。结果绳子受到伸张，“竖直地”悬垂着该物体。如果我们问一下绳子上产生张力的原因，箱子里的人就会说：“悬垂着的物体在引力场中受到一向下的力，此力为绳子的张力所平衡；决定绳子张力的大小的是悬垂着的物体的引力质量。”另一方面，自由地稳定在空中的一个观察者将会这样解释这个情况：“绳子势必参与箱子的加速运动，并将此运动传给拴在绳子上的物体。绳子的张力的大小恰好足以引起物体的加速度。决定绳子的张力的大小的是物体的惯性质量。”我们从这个例子看到，我们对相对性原理的推广隐含着惯性质量和引力质量相等这一定律的必然性。这样我们就得到了这个定律的一个物理解释。

根据我们对做加速运动的箱子的讨论，我们看到，一个广义的相对论必然会对引力诸定律产生重要的结果。事实上，对广义相对性观念的系统研究已经补充了好些定律以满足引力场。但是，在继续谈下去以前，我必须提醒读者不要接受这些论述中所隐含的一个错误概念。对于箱子里的人而言存在着一个引力场，尽管对于最初选定的坐标系而言并没有这样的场。于是我们可能会轻易地假定,引力场的存在永远只是一种表观的存在。我们也可能认为,不论存在着什么样的引力场,我们总是能够这样选取另外一个参考物体,使得对于该参考物体而言没有引力场存在。这绝对不是对于所有的引力场都是真实的,这仅仅是对于那些具有十分特殊的形式的引力场才是真实的。例如,我们不可能这样选取一个参考物体,使得由该参考物体来判断地球的引力场(就其整体而言)会等于零。

现在我们可以认识到,为什么我们在第 18 节末尾所叙述的反对广义相对性原理的论据是不能令人信服的。车厢里的观察者由于刹车而感受到一种朝向前方的冲动,并由此察觉车厢的非匀速运动(阻滞),这一点当然是真实的。但是谁也没有强迫他把这种冲动归因于车厢的"实在的"加速度(阻滞)。他也可以这样解释他的感受:"我的参考物体(车厢)一直保持静止。但是,对于这个参考物体存在着(在刹车期间)一个方向向前而且对于时间而言是可变的引力场。在这个场的影响下,路基连同地球以这样的方式做非匀速运动,即它们的向后的原有速度是在不断地减小下去。"

21. 经典力学的基础和狭义相对论的基础在哪些方面不能令人满意

我们已经说过几次，经典力学是从下述定律出发的：离其他质点足够远的质点继续做匀速直线运动或继续保持静止状态。我们也曾一再强调，这个基本定律只有对于这样一些参考物体 K 才有效，这些参考物体具有某些特别的运动状态并相对做匀速平移运动。相对于其他参考物体 K'，这个定律就失效。所以我们在经典力学中和在狭义相对论中都把参考物体 K 和参考物体 K' 区分开；相对于参考物体 K，公认的“自然界定律”可以说是成立的，而相对于参考物体 K' 则这些定律并不成立。

但是，凡是思想方法合乎逻辑的人谁也不会满足于此种情形。他要问：“为什么要认定某些参考物体（或它们的运动状态）比其他参考物体（或它们的运动状态）优越呢？此种偏爱的理由何在？”为了讲清楚我提出这个问题是什么意思，我来打一个比方。

比方我站在一个煤气灶前面。灶上并排放着两个平底锅。这两个锅非常相像，常常会被认错。里面都盛着半锅水。我注意到一个锅不断冒出蒸气，而另一个锅则没有蒸气冒出。即使我以前从来没有见过煤气灶或者平底锅，我也会对这种情况感到奇怪。但是如果在这个时候我注意到在第一个锅底下有一种蓝色的发光的东西，而在另一个锅底下则没有，那么我就不会再感到惊奇，即使以前我从来没有见过煤气的火焰。因为我只要说是这种蓝色的东西使得锅里冒出蒸气，或者至少可以说有这种可能。但是如果我注意到这两个锅底下都没有什么蓝色的东西，而且如果我还观察到其中一个锅不断冒出蒸气，而另外一个锅则没有蒸气，那么我就总是感到惊奇和不满足，直到我发现某种情况能够用来说明为什么这两个锅有不同的表现为止。

与此类似，我在经典力学中(或在狭义相对论中)找不到什么实在的东西能够用来说明为什么相对于参考

系 K 和 K' 来考虑时物体会有不同的表现。[①] 牛顿看到了这个缺陷，并曾试图消除它，但没有成功。只有马赫对它看得最清楚，由于这个缺陷他宣称必须把力学放在一个新的基础上。只有借助于与广义相对性原理一致的物理学才能消除这个缺陷，因为这样的理论的方程，对于一切参考物体，不论其运动状态如何，都是成立的。

---

① 这个缺陷在下述情况尤为严重，即当参考物体的运动状态无须任何外力来维持时，例如在参考物体做匀速转动时。

22. 广义相对性原理的几个推论

第 20 节的论述表明,广义相对性原理能够使我们以纯理论方式推出引力场的性质。例如,假定我们已经知道任一自然过程在伽利略区域中相对于一个伽利略参考物体 K 如何发生,亦即已经知道该自然过程的空时“进程”,借助于纯理论运算(亦即单凭计算),我们就能够断定这个已知自然过程从一个相对于 K 做加速运动的参考物体 K' 去观察,是如何表现的。但是由于对于这个新的参考物体 K' 而言存在着一个引力场,所以以上的考虑也告诉我们引力场如何影响所研究的过程。

例如,我们知道,相对于 K(按照伽利略定律)做匀速直线运动的一个物体,它相对于做加速运动的参考物体 K'(箱子)是在做加速运动的,一般还是在做曲线运动的。此种加速度或曲率相当于相对于 K' 存在的引力场对运动物体的影响。引力场以此种方式影响物体的运动是大家已经知道的，因此以上的考虑并没有为我们提供任何本质上新的结果。

但是，如果我们对一道光线进行类似的考虑就得到一个新的具有基本重要性的结果。相当于伽利略参考物体 K，这样的一道光线是沿直线以速度 c 传播的。不难证明，当我们相对于做加速运动的箱子（参考物体 K'）来考察这同一道光线时，它的路线就不再是一条直线。由此我们得出结论，光线在引力场中一般沿曲线传播。这个结果在两个方面具有重大意义。

首先，这个结果可以同实际比较。虽然对这个问题的详细研究表明，按照广义相对论，光线穿过我们在实践中能够加以利用的引力场时，只有极其微小的曲率；但是，以掠入射方式经过太阳的光线，其曲率的估计值达到 1.7″。这应该以下述方式表现出来。从地球上观察，某些恒星看来是在太阳的邻近处，因此这些恒星能够在日全食时加以观测。这些恒星当日全食时在天空的视位置与它们当太阳位于天空的其他部位时的视位置相比较应该偏离太阳，偏离的数值如上所示。检验这个推断正确与否是一个极其重要的问题，希望天文学家能够早日予以解决。[1]

其次,我们的结果表明,按照广义相对论,我们时常提到的作为狭义相对论中两个基本假定之一的真空中光速恒定定律,就不能被认为具有无限的有效性。光线的弯曲只有在光的传播速度随位置而改变时才能发生。我们或许会想,由于这种情况,狭义相对论以及随之整个相对论,都要化为灰烬了。但实际上并不是这样。我们只能下这样的结论:不能认为狭义相对论的有效性是无止境的;只有在我们能够不考虑引力场对现象(例如光的现象)的影响时,狭义相对论的结果才能成立。

由于反对相对论的人时常说狭义相对论被广义相对论推翻了,因此用一个适当的比方来把这个问题的实质弄得更清楚些也许是适当的。在电动力学发展前,静电学定律被看作是电学定律。现在我们知道,只有在电质量相互之间并相对于坐标系完全保持静止的情况下(这种情况是永远不会严格实现的),才能够从静电学的角度出发正确地推导出电场。我们是否可以说,由于这

① 理论所要求的光线偏转的存在,首次于1919年5月29日的日食期间,借助于英国皇家学会和英国皇家天文学会的一个联合委员会所装备的两个远征观测队的摄影星图得到证实。

个理由，静电学被电动力学的麦克斯韦场方程推翻了呢？绝对不可以。静电学作为一个极限情况包含在电动力学中；在场不随时间而改变的情况下，电动力学的定律就直接得出静电学的定律。任何物理理论都不会获得比这更好的命运了，即一个理论本身指出创立一个更为全面的理论的道路，而在这个更为全面的理论中，原来的理论作为一个极限情况继续存在下去。

在刚才讨论的关于光的传播的例子中，我们已经看到，广义相对论使我们能够从理论上推导引力场对自然过程的进程的影响，这些自然过程的定律在没有引力场时是已知的。但是，广义相对论对其解决提供了钥匙的最令人注意的问题乃是关于对引力场本身所满足的定律的研究。让我们对此稍微考虑一下。

我们已经熟悉了经过适当选取参考物体后处于（近似地）“伽利略”形式的那种空时区域，亦即没有引力场的区域。如果我们相对于一个不论做何种运动的参考物体 K' 来考察这样的一个区域，那么相对于 K' 就存在着一个引力场，该引力场对于空间和时间是可变的。[①]

① 这一点可由第 20 节的讨论推广得出。

这个场的特性当然取决于为 K' 选定的运动。按照广义相对论,普遍的引力场定律对于所有能够按这一方式得到的引力场都必须被满足。虽然绝不是所有的引力场都能够如此产生,我们仍然可以希望普遍的引力定律能够从这样的一些特殊的引力场推导出来。这个希望已经以极其美妙的方式实现了;但是从认清这个目标到完全实现它,是经过克服了一个严重的困难之后才达到的。

由于这个问题具有很深刻的意义,我不敢对读者略而不谈。我们需要进一步推广我们对于空时连续区的观念。

23. 在转动的参考物体上的钟和量杆的行为

到目前为止,我在广义相对论中故意避而不谈空间数据和时间数据的物理解释。因而我在论述中犯了一些潦草从事的毛病;我们从狭义相对论知道,这种毛病绝不是无关紧要和可以宽容的。现在是我们弥补这个缺陷的最适当的时候了;但是开头我就要提一下,这个问题对读者的忍耐力和抽象能力会提出不小的要求。

我们还是从以前常常引用的十分特殊的情况开始。让我们考虑一个空时区域,在这里相对于一个参考物体 K(其运动状态已适当选定)不存在引力场。这样,对于所考虑的区域而言,K 就是一个伽利略参考物体,而且狭义相对论的结果对于 K 而言是成立的。我们假定参照另一个参考物体 K'来考察同一个区域。设 K'相对于 K 做匀速转动。为了使我们的观念成立,我们设想 K'具有一个平面圆盘的形式,这个平面圆盘在其本身的平面内围绕其中心做匀速转动。在圆盘 K' 上离开盘心而坐的一个观察者感受到沿径向向外作用的一个力；相对于原来的参考物体 K 保持静止的一个观察者就会把这个力解释为一种惯性效应(离心力)。但是，坐在圆盘上的观察者可以把他的圆盘当作一个“静止”的参考物体；根据广义相对性原理，他这样设想是正当的。他把作用在他身上的、事实上作用于所有其他相对于圆盘保持静止的物体的力，看作是一个引力场的效应。然而，这个引力场的空间分布，按照牛顿的引力理论，看来是不可能的。[①] 但是由于这个观察者相信广义相对论，所以这一点对他并无妨碍；他颇有正当的理由相信能够建立起一个普遍的引力定律——这一个普遍的引力定律不仅可以正确地解释众星的运动，而且可以解释观察者自己所体验到的力场。

这个观察者在他的圆盘上用钟和量杆做实验。他这样做的意图是要得出确切的定义来表达相对于圆盘 K' 的时间数据和空间数据的含义，这些定义是以他的观

① 这个场在圆盘的中心消失；场值由中心向外增强并与距中心的距离成正比。

察为基础的。这样做他会得到什么经验呢？

他取构造完全相同的两个钟，一个放在圆盘的中心，另一个放在圆盘的边缘，因而这两个钟相对于圆盘是保持静止的。我们现在来问问我们自己，从非转动的伽利略参考物体 K 的立场来看，这两个钟是否走得快慢一样。从这个参考物体去判断，放在圆盘中心的钟并没有速度，而由于圆盘的转动，放在圆盘边缘的钟相对于 K 是运动的。按照第 12 节得出的结果可知，第二个钟永远比放在圆盘中心的钟走得慢，亦即从 K 去观察，情况就会这样。显然，我们设想坐在圆盘中心那个钟旁边的一个观察者也会观察到同样的效应。因此，在我们的圆盘上，或者把情况说得更普遍一些，在每一个引力场中，一个钟走得快些或者慢些，要看这个钟（静止地）所放的位置如何。因此，要借助于相对于参考物体静止地放置的钟来得出合理的时间定义是不可能的。

我们想要在这样一个例子中引用我们早先的同时性定义时也遇到了同样的困难，但是我不想再进一步讨论这个问题了。

此外，在这个阶段，空间坐标的定义也出现不可克服的困难。如果这个观察者引用他的标准量杆（与圆盘半径相比,一根相当短的杆),放在圆盘的边上并使杆与圆盘相切,那么,从伽利略坐标系去判断,这根杆的长度就小于1,因为,按照第12节,运动的物体在运动的方向发生收缩。

另一方面,如果把量杆沿半径方向放在圆盘上,从K去判断,量杆不会缩短。那么,如果这个观察者用他的量杆先量度圆盘的圆周,然后量度圆盘的直径,两者相除,他所得到的商将不会是大家熟知的数$\pi=3.14\cdots$,而是一个大一些的数;[①]而对于一个相对于K保持静止的圆盘,这个操作和运算当然就会准确地得出π。这证明,在转动的圆盘上,或者普遍地说,在一个引力场中,欧几里得几何学的命题并不能严格地成立,至少是如果我们把量杆在一切位置和每一个取向的长度都算作1的话。因而关于直线的观念也就失去了意义。所以我们不能借助于在讨论狭义相对论时所使用的方法相对于圆盘严格地来给坐标x,y,z下定义;而只要事件的坐标和时间的定义还没有给出,我们就不能赋予(在其中出现这

① 在这个讨论的整个过程中,我们必须使用伽利略(无转动的)坐标系K作为参考物体,因为我们只能假定狭义相对论的结果相当于K才有效(相对于K'存在着引力场)。

些事件的)任何自然律以严格的意义。

这样,所有我们以前根据广义相对论得出的结论看来也就有问题。在实际情况中,我们必须做一个巧妙的迂回才能够严格地应用广义相对论的公理。下面我将帮助读者对此做好准备。

24. 欧几里得和非欧几里得连续区域

一张大理石桌摆在我的面前,眼前展开了巨大的桌面。在这个桌面上,我可以这样地从任何一点到达任何其他一点,即连续地从一点移动到“邻近的”一点,并重复这个过程若干(许多)次,换言之,亦即无须从一点“跳跃”到另一点。我想读者一定会足够清楚地了解我这里所说的“邻近的”和“跳跃”是什么意思(如果他不过于咬文嚼字的话)。我们把桌面描述为一个连续区来表示桌面的上述性质。

我们设想已经做好了许多长度相等的小杆,它们的长度同这块大理石板的大小相比是相当短的。我说它们的长度相等的意思是,把其中之一与任何其他一个叠合起来,它们的两端都能彼此重合。然后,我们取四根小杆放在石板上,构成一个四边形(正方形),这个四边形的对角线的长度是相等的。为了保证对角线相等，我们另外用了一根小测杆。我们把几个同样的正方形加到这个正方形上，加上的正方形每一个都有一根杆是与第一个正方形共用的。我们对于这些正方形的每一个都采取同样的做法，直到最后整块石板都铺满了正方形为止。这个排列是这样的，一个正方形的每一边都隶属于两个正方形，每一个隅角都隶属于四个正方形。

如果我们能够把这项工作做好而没有遇到极大的困难，那真是一个奇迹了。我们只需想一想下述情况。在任何时刻只要三个正方形相会于一隅角，那么第四个正方形的两个边就已经摆出；因此，这个正方形剩余两边的排列位置也就已经完全确定下来。但是这个时候我就不能再调整这个四边形使它的两根对角线相等了。如果这两根对角线出于它们的自愿而相等，那么这是石板和小杆的特别恩赐，对此我只能怀着感激的心情而惊奇不已。如果这个作图法能够成功的话，那么这种令人惊奇的事情我们必然会遇到许多次。

如果凡事都进行得真正顺利，那么我就说石板上的诸点对于小杆而言构成一个欧几里得连续区域，这里小杆曾当作“距离”(线间隔)使用。选取一个正方形的一个隅角作为“原点”,我就能够用两个数来表示任一正方形的任一隅角相对于这个原点的位置。我只需说明,我从原点出发,向“右”走然后向“上”走,必须经过多少根杆子才能到达所考虑的正方形的隅角。这两个数就是这个隅角相对于由排列小杆而确定的“笛卡儿坐标系”的“笛卡儿坐标”。

如果将这个抽象的实验改变如下,我们就会认识到一定会出现这种实验不能成功的情况。我们假定这些杆子是会“膨胀”的,膨胀的量值与温度升高的量值成正比。我们将石板的中心部分加热,但周围不加热。在这种情况下,我们仍然能够使两根小杆在桌面上的每一个位置上相互重合。但是在加热期间我们的正方形作图就必然会受到扰乱,因为放在桌面中心部分的小杆膨胀了,而放在外围部分的小杆则不膨胀。

对于我们的小杆——定义为单位长度——而言,这块石板不再是一个欧几里得连续区,而且我们也不再能够直接借助于这些小杆来定义笛卡儿坐标,因为上述的作图法已无法实现了。但是由于有一些其他的事物并不像这些小杆那样受桌子温度的影响(或许丝毫不受影响),因而我们有可能十分自然地支持这样的观点,即这块石板仍是一个“欧几里得连续区”。为此我们必须对长度的量度或比较做一更为巧妙的约定,才能够满意地实现这个欧几里得连续区。

但是如果把各种杆子(亦即用各种材料做成的杆子)放在加热不均匀的石板上时它们对温度的反应都一样,并且如果除了杆子在与上述实验相类似的实验中的几何行为之外没有其他的方法来探测温度的效应,那么最好的办法就是:只要我们能够使杆子中一根的两端与石板上的两点相重合,我们就规定该两点之间的距离为1。因为,如果不这样做,我们又应该如何来下距离的定义才不致在极大的程度上犯粗略任意的错误呢?这样我们就必须舍弃笛卡儿坐标的方法,而代之以不承认欧几里得几何学对刚体的有效性的另一种方法。[1] 读者将会注意到,这里所描述的局面与广义相对性公理所引起的局面(第 23 节)是一致的。

---

① 我们的问题曾以下述形式提到数学家面前。设我们给定一个欧几里得三维空间中的面(例如椭面),那么对于这个面同对于一个平面一样,存在着一种二维几何学。高斯曾试图从若干基本原理出发来论述这种二维几何学而不利用这个面是属于欧几里得三维连续区的这一事实。我们若设想用刚性的杆在这个面上作图(与上述在大理石上作图相似),我们就会发现,对于这些作图法能适用的定律与那些根据欧几里得平面几何学得出的定律并不相同。这个面对于这些杆而言并不是一个欧几里得连续区,因而我们不可能在这个面上定出完整的笛卡儿坐标来。高斯首先陈述了我们能够据以处理这个面上的几何关系的原理,从而指出了引向黎曼处理多维非欧几里得连续区的方法的道路。因此,数学家在很早以前就先在形式上解决了广义相对性公理所引起的问题。

25. 高斯坐标

按照高斯的论述,这种把分析方法与几何方法结合起来的处理问题的方式可由下述途径达成。设想我们在桌面上画一个任意曲线系(见图4)。我们把这些曲线称作 u 曲线,并用一个数来标明每一根曲线。在图中画出了曲线 $u=1$,$u=2$ 和 $u=3$。我们必须设想在曲线

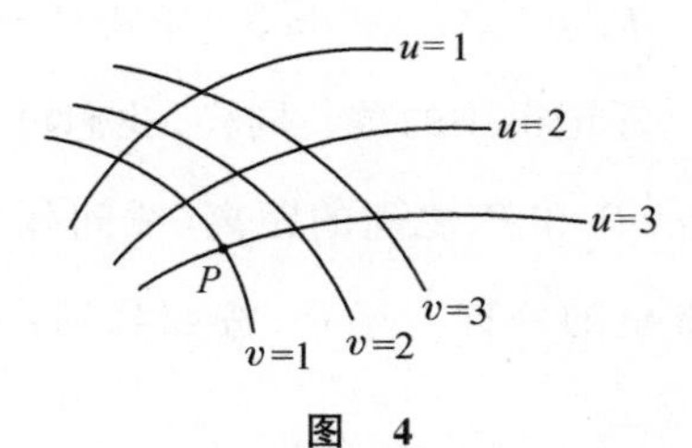

图 4

$u=1$ 和 $u=2$ 之间画有无限多根曲线,所有这些曲线对应于1和2之间的实数。这样我们就有一个 u 曲线系,而且这个“无限稠密”曲线系布满了整个桌面。这些 u 曲线必须彼此不相交,并且桌面上的每一点都必须有一

根而且仅有一根曲线通过。因此大理石板面上的每一个点都具有一个完全确定的 u 值。我们设想以同样的方式在这个石板面上画一个 v 曲线系。这些曲线所满足的条件与 u 曲线相同,并以相应的方式标以数字,而且它们也同样可以具有任意的形状。因此,桌面上的每一点就有一个 u 值和一个 v 值。我们把这两个数称为桌面的坐标(高斯坐标)。例如图中的 P 点就有高斯坐标 $u=3, v=1$。这样,桌面上相邻两点 P 和 P' 就对应于坐标

$$P: \quad u, v$$

$$P': \quad u+\mathrm{d}u, v+\mathrm{d}v$$

其中 $\mathrm{d}u$ 和 $\mathrm{d}v$ 标记很小的数。同样,我们可以用一个很小的数 $\mathrm{d}s$ 表示 P 和 P' 之间的距离(线间隔),好像用一根小杆测量得出的一样。于是,按照高斯的论述,我们就有

$$\mathrm{d}s^2=g_{11}\mathrm{d}u^2+2g_{12}\mathrm{d}u\,\mathrm{d}v+g_{22}\mathrm{d}v^2$$

其中 g_{11}, g_{12}, g_{22} 是以完全确定的方式取决于 u 和 v 的量。量 g_{11}, g_{12}, g_{22} 决定小杆相对于 u 曲线和 v 曲线的行为,因而也就决定小杆相对于桌面的行为。对于所考

虑的面上的诸点相对于量杆构成一个欧几里得连续区的情况，而且只有在这种情况下，我们才能够简单地按下式来画出以及用数字标出 u 曲线和 v 曲线：

$$ds^2 = du^2 + dv^2$$

在这样的条件下，u 曲线和 v 曲线就是欧几里得几何学中的直线，并且它们是相互垂直的。在这里，高斯坐标也就成为笛卡儿坐标。显然，高斯坐标只不过是两组数与所考虑的面上的诸点的一种缔合，这种缔合具有这样的性质，即彼此相差很微小的数值各与“空间中”相邻诸点相缔合。

到目前为止，这些论述对于二维连续区是成立的。但是高斯的方法也可以应用到三维、四维或维数更多的连续区。例如，如果假定我们有一个四维连续区，我们就可以用下述方法来表示这个连续区。对于这个连续区的每一个点，我们任意地把四个数 x_1, x_2, x_3, x_4 与之相缔合，这四个数就称为“坐标”。相邻的点对应于相邻的坐标值。如果距离 ds 与相邻点 P 和 P' 相缔合，而且从物理的观点来看这个距离是可以测量的和明确规定了的，那么下述公式成立：

$$ds^2 = g_{11}dx_1^2 + 2g_{12}dx_1dx_2 + \cdots + g_{44}dx_4^2$$

其中 g_{11} 等量的值随连续区中的位置而变。唯有当这个连续区是一个欧几里得连续区时才有可能将坐标 $x_1 \cdots x_4$ 与这个连续区的点简单地缔合起来,使得我们有

$$ds^2 = dx_1^2 + dx_2^2 + dx_3^2 + dx_4^2$$

在这种情况下,与那些适用于我们的三维测量的关系相似的一些关系就能够适用于这个四维连续区。

但是我们在上面提出的表述 ds^2 的高斯方法并不是经常可能的。只有当所考虑的连续区的各个足够小的区域被当作是欧几里得连续区时,这种方法才有可能。例如,就大理石板和局部温度变化的例子而言,这一点显然是成立的。对于石板的一小部分面积而言,温度在实践上可视为恒量;因而小杆的几何行为差不多能够符合欧几里得几何学的法则。因此,前节所述正方形作图法的缺陷要到这个作图扩展到了占石板相当大的一部分时才会明显地表现出来。

我们可以对此总结如下:高斯发明了对一般连续区作数学表述的方法,在表述中下了“大小关系”(邻点间

的“距离”)的定义。对于一个连续区的每一个点可标以若干个数(高斯坐标),这个连续区有多少维,就标多少个数。这是这样来做的:每个点上所标的数只可能有一个意义,并且相邻诸点应该用彼此相差一个无穷小量的数(高斯坐标)来标出。高斯坐标系是笛卡儿坐标系的一个逻辑推广。高斯坐标系也可以适用于非欧几里得连续区,但是只有在下述情况下才可以:即相对于既定的“大小”或“距离”的定义而言,我们所考虑的连续区的各个小的部分愈小,其表现就愈像一个真正的欧几里得系统。

26. 狭义相对论的空时连续区可以当作欧几里得连续区

现在我们已有可能更为严谨地表述闵可夫斯基的观念,这个观念在第 17 节中只是含糊地谈到一下。按照狭义相对论,要优先用某些坐标系来描述四维空时连续区。我们把这些坐标系称为“伽利略坐标系”。对于这些坐标系,确定一个事件或者换言之确定四维连续区中一个点所用的四个坐标 x,y,z,t,在物理意义上具有简单的定义,这在本书第一部分已有所详述。从一个伽利略坐标系过渡到相对于这个坐标系做匀速运动的另一个伽利略坐标系时,洛伦兹变换方程是完全有效的。这些洛伦兹变换方程构成了从狭义相对论导出推论的基础,而这些方程的本身也只不过是表述了光的传播定律对于一切伽利略参考系的普适有效性而已。

闵可夫斯基发现洛伦兹变换满足下述简单条件。我们考虑两个相邻事件，这两个事件在四维连续区中的相对位置，是参照伽利略参考物体 K 用空间坐标差 $\mathrm{d}x$，$\mathrm{d}y$，$\mathrm{d}z$ 和时间差 $\mathrm{d}t$ 来表示的。我们假定这两个事件参照另一个伽利略坐标系的差相应地为 $\mathrm{d}x'$，$\mathrm{d}y'$，$\mathrm{d}z'$，$\mathrm{d}t'$。那么这些量总是满足条件

$$\mathrm{d}x^2+\mathrm{d}y^2+\mathrm{d}z^2-c^2\mathrm{d}t^2=\mathrm{d}x'^2+\mathrm{d}y'^2+\mathrm{d}z'^2-c^2\mathrm{d}t'^2$$

洛伦兹变换的有效性就是由这个条件来确定。对此我们又可以表述如下：

属于四维空时连续区的两个相邻点的这个量

$$\mathrm{d}s^2=\mathrm{d}x^2+\mathrm{d}y^2+\mathrm{d}z^2-c^2\mathrm{d}t^2$$

对于一切选定的(伽利略)参考物体，皆具有相同的值。如果我们用 x_1,x_2,x_3,x_4 代换 $x,y,z,\sqrt{-1}ct$，我们也得出这样的结果，即

$$\mathrm{d}s^2=\mathrm{d}x_1^2+\mathrm{d}x_2^2+\mathrm{d}x_3^2+\mathrm{d}x_4^2$$

与参考物体的选取无关。我们把量 $\mathrm{d}s$ 称为两个事件或两个四维点之间的“距离”。

因此，如果我们不选取实量 t 而选取虚变量 $\sqrt{-1}ct$

作为时间变量,我们就可以——按照狭义相对论——把空时连续区当作一个“欧几里得”四维连续区,这个结果可以由前节的论述推出。

27. 广义相对论的空时连续区不是欧几里得连续区

在本书的第一部分,我们能够使用可以对它作简单而直接的物理解释的空时坐标,而且,按照第 26 节,这种空时坐标可以被看作四维笛卡儿坐标。我们能够这样做,是以光速恒定定律为基础的。但是按照第 21 节,广义相对论不能保持这个定律。相反,按照广义相对论我们得出这样的结果,即当存在着一个引力场时,光速必须总是依赖于坐标。在第 23 节讨论一个具体例子时,我们发现,曾经使我们导致狭义相对论的那种坐标和时间的定义,由于引力场的存在而失效了。

鉴于这些论述的结果,我们得出这样的论断,按照广义相对论,空时连续区不能被看作一个欧几里得连续区;在这里只有相当于具有局部温度变化的大理石板的普遍情况,我们曾把它理解为一个二维连续区的例子。正如在那个例子里不可能用等长的杆构成一个笛卡儿坐标系一样,在这里也不可能用刚体和钟建立这样一个系统(参考物体),使量杆和钟在相互地做好刚性安排的情况下可用以直接指示位置和时间。这是我们在第 23 节中所遇到的困难的实质所在。

但是第 25 节和第 26 节的论述给我们指出了克服这个困难的道路。对于四维空时连续区我们可以任意利用高斯坐标来作参照。我们用四个数 x_1,x_2,x_3,x_4(坐标)标出连续区的每一个点(事件),这些数没有丝毫直接的物理意义,其目的只是用一种确定而又任意的方式来标出连续区的各点。四个数的排列方法甚至无须一定要把 x_1,x_2,x_3 当作“空间”坐标、把 x_4 当作“时间”坐标。

读者可能会想到,这样一种对世界的描述是十分不够格的。如果 x_1,x_2,x_3,x_4 这些特定的坐标本身并无意义,那么我们用这些坐标标出一个事件又有什么意义呢?但是,更加仔细的探讨表明,这种担忧是没有根据的。例如我们考虑一个正在做任何运动的质点。如果这个点的存在只是瞬时的，并没有一个持续期间，那么这个点在空时中即由单独一组 x_1,x_2,x_3,x_4 的数值来描述。因此，如果这个点的存在是永久的，要描述这个点，这样的数值组就必须有无穷多个，而且其坐标值必须紧密到能够显示出连续性；对应于这个质点，我们就在四维连续区中有一根（一维的）线。同样，在我们的连续区中任何这样的线，必然也对应于许多运动的点。

以上对于这些点的陈述中实际上只有关于它们的会合的那些陈述才称得起具有物理存在的意义。用我们的数学论述方法来说明，对于这样的会合的表述，就是两根代表所考虑的点的运动的线中各有特别的一组坐标值 x_1,x_2,x_3,x_4 是彼此共同的。经过深思熟虑以后，读者无疑将会承认，实际上这样的会合构成了我们在物理陈述中所遇到的具有时空性质的唯一真实证据。

当我们相对于一个参考物体描述一个质点的运动时，我们所陈述的只不过是这个点与这个参考物体的各个特定的点的会合。我们也可以借助于观察物体和钟的会合，并协同观察钟的指针和标度盘上特定的点的会合来确定相应的时间值。使用量杆进行空间测量时情况也正是这样,这一点稍加考虑就会明白。

下面的陈述是普遍成立的:每一个物理描述本身可分成许多个陈述,每一个陈述都涉及A、B两事件的空时重合。从高斯坐标来说,每一个这样的陈述,是用两事件的四个坐标 x_1, x_2, x_3, x_4 相符的说法来表达的。因此,实际上,使用高斯坐标所做的关于时空连续区的描述可以完全代替必须借助于一个参考物体的描述,而且不会有后一种描述方式的缺点;因为前一种描述方式不必受所描述的连续区的欧几里得特性的限制。

28. 广义相对性原理的严格表述

现在我们已经有可能提出广义相对性原理的严格表述来代替第 18 节中的暂时表述。第 18 节中所用的表述形式是,“对于描述自然现象(表述普遍的自然界定律)而言,所有参考物体 K、K' 等都是等效的,不论它们的运动状态如何。”这个表述形式是不能够保持下去的,因为,按照狭义相对论的观念所推出的方法使用刚性参考物体进行空时描述,一般说来是不可能的。必须用高斯坐标系代替参考物体,下面的陈述才与广义相对性原理的基本观念相一致:“所有的高斯坐标系对于表述普遍的自然界定律在本质上是等效的。”

我们还可以用另一种形式来陈述这个广义相对性原理,用这种形式比用狭义相对性原理的自然推广形式更加明白易懂。按照狭义相对论,当我们应用洛伦兹变换,以一个新的参考物体 K' 的空时变量 x',y',z',t' 代换一个(伽利略)参考物体 K 的空时变量 x,y,z,t 时,表述普遍的自然界定律的方程经变换后仍取同样的形式。另一方面,按照广义相对论,对高斯变量 x_1,x_2,x_3,x_4 应用任意代换,这些方程经变换后仍取同样的形式;因为每一种变换(不仅仅是洛伦兹变换)都相当于从一个高斯坐标系过渡到另一个高斯坐标系。

如果我们愿意固执地坚持我们"旧时代"的对事物的三维观点,那么我们就可以对广义相对论的基本观念目前发展的特点做如下的描述:狭义相对论和伽利略区域相关,亦即和其中没有引力场存在的区域相关。就此而论,一个伽利略参考物体在充当着参考物体,这个参考物体是一个刚体,其运动状态必须选择得使"孤立"质点做匀速直线运动的伽利略定律相对于这个刚体是成立的。

从某些考虑来看,我们似乎也应该把同样的伽利略区域引入于非伽利略参考物体。那么相对于这些物体就存在着一种特殊的引力场(见第 20 节和第 23 节)。

在引力场中,并没有像具有欧几里得性质的刚体那样的东西；因此，虚设的刚性参考物体在广义相对论中是没有用处的。钟的运动也受引力场的影响，由于这种影响，直接借助于钟而做出的关于时间的物理定义不可能达到狭义相对论中同样程度的真实感。

因此，我们使用非刚性参考物体，这些物体整个说来不仅其运动是任意的，而且在其运动过程中可以发生任何形变。钟的运动可以遵从任何一种运动定律，不论如何不规则，但可用来确定时间的定义。我们想象每一个这样的钟是在非刚性参考物体上的某一点固定着。这些钟只满足这样的一个条件，即从（空间中）相邻的钟同时观测到的“读数”彼此仅相差一个无穷小量。这个非刚性参考物体（可以恰当地称作“软体动物参考体”）基本上相当于一个任意选定的高斯四维坐标系。与高斯坐标系比较，这个“软体动物”所具有的某些较易理解之处就是形式上保留了空间坐标和时间坐标的分立状态（这种保留实际上是不合理的）。我们把这个“软体动物”上的每一点当作一个空间点，相对于空间点保持静止的每一个质点就当作是静止的，如果我们把这个“软体动物”视为参考物体的话。广义相对性原理要求所有这些“软体动物”都可以用作参考物体来表述普遍的自然界定律，在这方面，这些“软体动物”具有同等的权利，也可以取得同样好的结果；这些定律本身必须不随软体动物的选择而变易。

由于我们前面所看到的那些情况，广义相对性原理对自然界定律做了一些广泛而具明确性的限制，广义相对性原理所具有的巨大威力就在于此。

29. 在广义相对性原理的基础上解引力问题

如果读者对于前面的论述已经全部理解，那么对于理解引力问题的解法，就不会再有困难。

我们从考察一个伽利略区域开始，伽利略区域就是相对于伽利略参考物体 K 其中没有引力场存在的一个区域。量杆和钟相对于 K 的行为已从狭义相对论得知，同样，“孤立”质点的行为也是已知的；后者沿直线做匀速运动。

我们现在参照作为参考物体 K' 的一个任意高斯坐标系或者一个“软体动物”来考察这个区域。那么相对于 K' 就存在着一个引力场 G（一种特殊的引力场）。我们只利用数学变换来察知量杆和钟以及自由运动的质点相对于 K' 的行为。我们把这种行为解释为量杆、钟和质点在引力场 G 的影响下的行为。此处我们引进一个假设：引力场对量杆、钟和自由运动的质点的影响将按照同样的定律继续发生下去，即使当前存在着的引力场不能简单地通过坐标变换从伽利略的特殊情况推导出来。

下一步是研究引力场 G 的空时行为，引力场 G 过去是简单地通过坐标变换由伽利略的特殊情况导出的。将这种行为表述为一个定律，不论在描述中所使用的参考物体（“软体动物”）如何选定，这个定律始终是有效的。

然而这个定律还不是普遍的引力场定律，因为所考虑的引力场是一种特殊的引力场。为了求出普遍的引力场定律，我们还需要将上述定律加以推广。这一推广可以根据下述要求妥善地得出：

（1）所要求的推广必须也满足广义相对性原理。

（2）如果在所考虑的区域中有任何物质存在，对其激发一个场的效应而言，只有它的惯性质量是重要的，按照第 15 节，也就是只有它的能量是重要的。

（3）引力场加上物质必须满足能量（和冲量）守恒定律。

最后，广义相对性原理使我们能够确定，引力场对于不存在引力场时按照已知定律已在发生的所有过程的整个进程的影响，这样的过程也就是已经纳入狭义相对论的范围的过程。对此，我们原则上按照已对量杆、钟和自由运动的质点解释过的方法去进行。

照这样从广义相对性原理导出的引力论，其优越之处不仅在于它的完美性；不仅在于消除第 21 节所显示的经典力学所带的缺陷；不仅在于解释惯性质量和引力质量相等的经验定律；还在于它已经解释了经典力学对之无能为力的一个天文观测结果。

如果我们把这个引力论的应用限制于下述的情况，即引力场可以认为是相当弱的，而且在引力场内相对于坐标系运动着的所有质量的速度与光速比较都是相当小的，那么，作为第一级近似我们就得到牛顿的引力理论。这样，牛顿的引力理论在这里无须任何特别的假定就可以得到，而牛顿当时却必须引进这样的假设，即相互吸引的质点间的吸引力必须与质点间的距离的平方成反比。如果我们提高计算的精确度，那么它与牛顿理论不一致的偏差就会表现出来，但是由于这些偏差相当小,实际上都必然是观测所检验不出来的。

这里我们必须指出其中一个偏差提请读者注意。按照牛顿的理论,行星沿椭圆轨道绕日运行,如果我们能够略而不计恒星本身的运动以及所考虑的其他行星的作用,这个椭圆轨道相对于恒星的位置将永久保持不变。因此,如果我们改正所观测的行星运动而把这两种影响消去,而且如果牛顿的理论真能严格正确,那么我们所得到的行星轨道就应该是一个相对于恒星系是固定不移的椭圆轨道。

这个可以用相当高的精确度加以验证的推断,除了一个行星之外,对于所有其他的行星而言,已经得到了证实,其精确度是目前的观测灵敏度所能达到的精确度。

唯一例外的就是水星,它是离太阳最近的行星。从勒维耶的时候起人们就知道,作为水星轨道的椭圆,经过改正消去上述影响后,相当于恒星系并不是固定不移的,而是非常缓慢地在轨道的平面内转动,并且顺着沿轨道的运动的方向转动。所得到的这个轨道椭圆的这种转动的值是每世纪43″(角度),其误差保证不会超过几秒(角度)。

经典力学解释这个效应只能借助于设立假设,而这些假设是不大可能成立的,这些假设的设立仅仅是为了解释这个效应而已。

根据广义相对论,我们发现,每一个绕日运行的行星的椭圆轨道,都必然以上述方式转动;对于除水星以外的所有其他行星而言,这种转动都太小,以现时可能达到的观测灵敏度是无法探测的;[①]但是对于水星而言,这个数值必须达到每世纪 43″,这个结果与观测严格相符。

除此以外,到目前为止只可能从广义相对论得出两个可以由观测检验的推论,即光线因太阳引力场而发生弯曲,[②]以及来自巨大星球的光的谱线与在地球上以类似方式产生的(即由同一种原子产生的)相应光谱线比较,有位移现象产生。[③]

从广义相对论得出的这两个推论都已经得到证实。

---

① 目前的观测技术已经证实了其他行星的这种效应。——译者注

② 爱丁顿(Eddington)及其他人于 1919 年首次观测到。

③ 1924 年为亚当斯(Adams)所证实。

第三部分

关于整个宇宙的一些考虑

Part Ⅲ. Considerations on the Universe as a Whole

我们居住的宇宙是无限的呢，还是像球面宇宙那样是有限的呢？我们的经验远远不足以使我们能够回答这个问题，但是广义相对论能够使我们以一定程度的确实性回答这个问题。

30. 牛顿理论在宇宙论方面的困难

经典天体力学除了存在着第 21 节所讨论的困难之外,还存在着另一个基本困难。根据我的了解,天文学家希来哲(Seeliger)第一个对这个基本困难进行了详细的讨论。如果我们仔细地考虑一下这个问题:对于宇宙,作为整体而言,我们应持何种看法。我们所想到的第一个回答一定是:就空间(和时间)而言,宇宙是无限的。到处都存在着星体,因此,虽然就细微部分说来物质的密度变化很大,但平均说来是到处一样的。换言之,我们在宇宙空间中无论走得多么远,都会到处遇到稀薄的恒星群,这些恒星群的种类和密度,差不多都是一样的。

这个看法与牛顿的理论是不一致的。牛顿理论要求宇宙应具有某种中心,处在这个中心的星群密度最大,从这个中心向外走,诸星的群密度逐渐减小,直到最后,在非常遥远处,成为一个无限的空虚区域。恒星宇宙应该是无限的空间海洋中的一个有限的岛屿。[①]

这个概念本身已不很令人满意。这种概念更加不能令人满意的是由于它导致了下述结果:从恒星发出的光以及恒星系中的各个恒星不断奔向无限的空间,一去不返,而且永远不再与其他自然客体相互发生作用。这样的一个有限的物质宇宙将注定逐渐而系统地被削弱。

为了避免这种两难局面,希来哲对牛顿定律提出了一项修正,其中假定,对于很大的距离而言,两质量之间的吸引力比按照平方反比定律得出的结果减小得更加快些。这样,物质的平均密度就有可能处处一样,甚至到无限远处也是一样,而不会产生无限大的引力场。这样我们就摆脱了物质宇宙应该具有某种像中心之类的

---

① **证明** 按照牛顿的理论,来自无限远处而终止于质量 m 的“力线”的数目与质量 m 成正比。如果平均说来质量密度 ρ_0 在整个宇宙中是一个常数,则体积为 V 的球的平均质量为 $\rho_0 V$。因此,穿过球面 F 进入球内的力线数与 $\rho_0 V$ 成正比。对于单位球面积而言,进入球内的力线数就与 $\rho_0 \frac{V}{F}$ 或 $\rho_0 R$ 成正比。因此,随着球半径 R 的增长,球面上的场强最终就变为无限大,而这是不可能的。

东西的这种讨厌的概念。当然，我们摆脱上述基本困难是付出了代价的，这就是对牛顿定律进行了修改并使之复杂化，而这种修改和复杂化既无经验根据亦无理论根据。我们能够设想出无数个可以实现同样目的的定律，而不能举出理由说明为什么其中一个定律比其他定律更为可取；因为这些定律中的任何一个，与牛顿定律相比，并没有建立在更为普遍的理论原则上。

31. 一个“有限”而又“无界”的宇宙的可能性

但是,对宇宙的构造的探索同时也沿着另一个颇不相同的方向前进。非欧几里得几何学的发展导致了对于这样一个事实的认识,即我们能对我们的宇宙空间的无限性表示怀疑,而不会与思维的规律或与经验发生冲突(黎曼、亥姆霍兹)。亥姆霍兹和庞加勒已经以无比的明晰性详细地论述了这些问题,我在这里只能简单地提一下。

首先,我们设想在二维空间中的一种存在。持有扁平工具(特别是扁平的刚性量杆)的扁平生物自由地在一个平面上走动。对于它们来说,在这个平面之外没有任何东西存在;它们所观察到的它们自己的和它们的扁平的“东西”的一切经历,就是它们的平面所包含着的全部实在。具体言之,例如欧几里得平面几何学中的一切作图都可以借助于量杆来实现，亦即利用在第 24 节所已讨论过的格子构图法。与我们的宇宙对比，这些生物的宇宙是二维的；但同我们的宇宙一样，它们的宇宙也延伸到无限远处。在它们的宇宙中有足够的地方可以容纳无限多个用量杆构成的互相等同的正方形；亦即它们的宇宙的容积（面积）是无限的。如果这些生物说它们的宇宙是“平面”的，那么这句话是有意义的，因为它们的意思是它们能用它们的量杆按照欧几里得平面几何学作图。这里，各个个别量杆永远代表同一距离，而与其本身所处的位置无关。

其次，让我们考虑一下另一种二维的存在，不过这次是在一个球面上而不是在一个平面上。这种“扁平生物”连同它们的量杆以及其他的物体，与这个球面完全贴合，而且它们不可能离开这个球面。因而它们所能观察的整个宇宙仅仅扩展到整个球面。这些生物能否认为它们的宇宙的几何学是平面几何学，它们的量杆同样又是其“距离”的实在体现呢？它们不能这样做。因为如果它们想实现一根直线，它们将会得到一根曲线，我们“三维生物”把这根曲线称作一个大圆，亦即具有确定的有限长度的、本身就是完整独立的线，其长度可以用量杆测定。同样，这个宇宙的面积是有限的，可以与用量杆构成的正方形的面积相比较。从这种考虑得出的极大妙处在于承认了这样一个事实，即这些生物的宇宙是有限的，但又是无界的。

但是这些“球面生物”无须作世界旅行就可以认识到它们所居住的不是一个欧几里得宇宙。在它们的“世界”的各个部分它们都能够弄清楚这一点，只要它们所使用的部分不太小就可以了。从一点出发，它们向所有各个方向画等长的“直线”(由三维空间判断是圆的弧段)。它们会把连接这些线的自由端的线称作一个“圆”。按照欧几里得平面几何学，平面上的圆的圆周与直径之比(圆周与直径的长度用同一根量杆测定)等于常数 π，这个常数与圆的直径大小无关。我们的“扁平生物”在它们的球面上将会发现圆周与直径之比有以下的值

$$\pi \frac{\sin\left(\frac{r}{R}\right)}{\left(\frac{r}{R}\right)}$$

亦即一个比 π 小的值，圆半径与“世界球”半径 R 之比愈大，上述比值与 π 之差就愈加可观。借助于这个关系，“球面生物”就能确定它们的宇宙(“世界”)的半径，即使它们能够用来进行测量的仅仅是它们的世界球的比较小的一部分。但是如果这个部分的确非常小，它们就不再能够证明它们是居住在一个球面“世界”上，而不是居住在一个欧几里得平面上，因为球面上的微小部分与同样大小的一块平面仅有极微细的差别。

因此，如果这些“球面生物”居住在一个行星上，这个行星的太阳系仅占球面宇宙内的小到微不足道的一部分，那么这些“球面生物”就无法确定它们居住的宇宙是有限的还是无限的，因为它们所能接近的“一小块宇宙”在这两种情况下实际上都是平面的，或者说是欧几里得的。从这个讨论可以直接推知，对于我们的“球面生物”而言，一个圆的圆周起先随着半径的增大而增大，直到达到“宇宙圆周”为止，其后圆周随着半径的值的进一步增大而逐渐减小以至于零。在这个过程中，圆的面积继续不断地增大，直到最后等于整个“世界球”的总面积为止。

或许读者会感到奇怪,为什么我们把我们的“生物”放在一个球面上而不放在另外一种闭合曲面上。但是由于以下事实,这种选择是有理由的:在所有的闭合曲面中,唯有球面具有这种性质,即该曲面上所有的点都是等效的。我承认,一个圆的圆周 C 与其半径 r 的比取决于 r,但是,对于一个给定的 r 的值而言,这个比对于“世界球”上所有的点都是一样的;换言之,这个“世界球”是一个“等曲率曲面”。

对于这个二维球面宇宙,我们有一个三维比拟,这就是黎曼发现的三维球面空间。它的点同样也都是等效的。这个球面空间具有一个有限的体积,由其“半径”确定之($2\pi^2 R^3$)。能否设想一个球面空间呢?设想一个空间只不过是意味着我们设想我们的“空间”经验的一个模型,这种“空间”经验是我们在移动“刚”体时能够体会到的。在这个意义上我们能够设想一个球面空间。

设我们从一点向所有各个方向画线或拉绳索,并用一根量杆在每根线或绳索上量取距离 r。这些具有长度 r 的线或绳索的所有的自由端点都位于一个球面上。我们能够借助于一个用量杆构成的正方形用特别方法把这个曲面的面积(F)测量出来。如果这个宇宙是欧几里得宇宙,则 $F=4\pi r^2$;如果这个宇宙是球面宇宙,那么 F 就总是小于 $4\pi r^2$。随着 r 的值的增大,F 从零增大到一个最大值,这个最大值是由“世界半径”来确定的,但随着 r 的值的进一步增大,这个面积就会逐渐缩小以至于零。起初,从始点辐射出去的直线彼此散开而且相距越来越远,但后来又相互趋近,最后它们终于在与始点相对立的“对立点”上再次相会。在这种情况下它们穿越了整个球面空间。不难看出,这个三维球面空间与二维球面十分相似。这个球面空间是有限的(亦即体积是有限的),同时又是无界的。

可以提一下,还有另一种弯曲空间:“椭圆空间”。可以把“椭圆空间”看作这样的弯曲空间,即在这个空间中两个“对立点”是等样的(不可辨别的)。因此,在某种程度上可以把椭圆宇宙当作一个具有中心对称的弯曲宇宙。

由以上所述可以推知,无界的闭合空间是可以想象的。在这类空间中,球面空间(以及椭圆空间)在其简单性方面胜过其他空间,因为其上所有的点都是等效的。

由于这个讨论的结果,对天文学家和物理学家提出了一个非常有趣的问题:我们居住的宇宙是无限的呢,还是像球面宇宙那样是有限的呢?我们的经验远远不足以使我们能够回答这个问题。但是广义相对论使我们能够以一定程度的确实性回答这个问题;这样,第 30 节所提到的困难就得到了解决。

32. 以广义相对论为依据的空间结构

根据广义相对论，空间的几何性质并不是独立的，而是由物质决定的。因此，我们只有已知物质的状态并以此为依据进行考虑才能对宇宙的几何结构做出论断。根据经验我们知道，对于一个适当选定的坐标系而言，诸星的速度比起光的传播速度来是相当小的。因此，如果我们将物质看作是静止的，我们就能够在粗略的近似程度上得出一个关于整个宇宙的性质的结论。

从我们前面的讨论已经知道，量杆和钟的行为受引力场的影响，亦即受物质分布的影响。这一点本身就足以排除欧几里得几何学在我们的宇宙中严格有效的这种可能性。但是可以想象，我们的宇宙与一个欧几里得宇宙仅有微小的差别，而且计算表明，甚至像我们的太阳那样大的质量对于周围的空间的度规的影响也是极其微小的,因而上述看法就显得越发可靠。我们可以设想,就几何学而论,我们的宇宙的性质与这样的一个曲面相似,这个曲面在它的各个部分上是不规则地弯曲的,但整个曲面没有什么地方与一个平面有显著的差别,就像是一个有细微波纹的湖面。这样的宇宙可以恰当地称为准欧几里得宇宙。就其空间而言,这个宇宙是无限的。但是计算表明,在一个准欧几里得宇宙中物质的平均密度必然要等于零。因此这样的宇宙不可能处处有物质存在;呈现在我们面前的将是我们在第 30 节中所描绘的那种不能令人满意的景象。

如果在这个宇宙中我们有一个不等于零的物质平均密度,那么,不论这个密度与零相差多么小,这个宇宙就不可能是准欧几里得的。相反,计算的结果表明,如果物质是均匀分布的,宇宙就必然是球形的(或椭圆的)。由于实际上物质的细微分布不是均匀的,因而实在的宇宙在其个别部分上会与球形有出入,亦即宇宙将是准球形的。但是这个宇宙必然是有限的。实际上这个理论向我们提供了宇宙的空间广度与宇宙的物质平均密度之间的简单关系。[①]

① 对于宇宙“半径”R，我们得出方程

$$R^2=\frac{2}{\pi\rho}$$

在此方程中引用厘米·克·秒制，得出$\frac{2}{\pi}=1.08\cdot10^{27}$；$\rho$是物质的平均密度，$\pi$是与牛顿引力常数有关的一个常数。

附　录

爱因斯坦自述[①]

Appendices

我们居住的宇宙是无限的呢，还是像球面宇宙那样是有限的呢？我们的经验远远不足以使我们能够回答这个问题，但是广义相对论能够使我们以一定程度的确实性回答这个问题。

---

① 这是爱因斯坦于1955年3月(即在他逝世前一个月)为纪念他的母校苏黎世工业大学成立一百周年而写的回忆录。

1895年，我在既未入学也无教师的情况下，跟我父母在米兰度过一年之后，我这个十六岁的小伙子从意大利来到苏黎世。我的目的是要上联邦工业大学（Eidgenossische Technische Hochschule），可我一点也不知道怎样才能达到这个目的。我是一个执意的而又有自知之明的年轻人，我的那一点零散的有关知识主要是靠自学得来的。我热衷于深入理解，但很少去背诵，加之记忆力又不强，所以我觉得上大学学习绝不是一件轻松的事。怀着一种根本没有把握的心情，我报名参加了工程系的入学考试。这次考试可悲地显示了我过去所受的教育的残缺不全，尽管主持考试的人既有耐心又富有同情心。我认为我这次考试的失败是完全预料之内的。

然而可以自慰的是，物理学家韦伯（H. F. Weber）让人告诉我，如果我留在苏黎世，可以去听他的课。但是校长赫尔措格（Albin Herzog）教授却推荐我到阿劳中学上学，我可以在那里学习一年，以便补齐功课。这个学校的自由精神和那些毫不仰赖外界权威的教师们的淳朴热情给我留下了难忘的印象；同我在一个处处使人感到受权威指导的德国中学的六年学习相对比，我深切地感到,自由行动和自我负责的教育,比起那种依赖训练、外界权威和追求名利的教育来,是多么的优越呀。真正的民主绝不是虚幻的空想。

在阿劳中学这一年,我想到这样一个问题:倘使一个人以光速跟着光波跑,那么他就处在一个不随时间而改变的波场之中。但是看起来不会有这种事情!这是第一个同狭义相对论有关的朴素的理想实验。狭义相对论这一发现绝不是逻辑思维的成就,尽管最终的结果同逻辑形式有关。

1896—1900年,我在苏黎世工业大学的师范系学习。我很快发现,我能成为一个有中等成绩的学生也就心满意足了。要做一个好学生,必须有能力轻松理解所学习的知识;要心甘情愿地把精力完全集中于人们所教给你的那些东西上;要遵守秩序,把课堂上讲解的内容做笔记,然后自觉地做好作业。遗憾的是,我发现这一切特性正是我最为欠缺的。于是我逐渐学会抱着某种负疚的心情自由自在地生活,安排自己去学习那些适合于我的求知欲和兴趣的东西。我以极大的兴趣去听某些课。我"刷掉了"很多学校里的课程,而以极大的热忱在家里向理论物理学的大师们学习。这样做是好的，它显著地减轻了我的负疚心情，从而使我心境的平衡终于没有受到剧烈的扰乱。这种广泛的自学不过是我原有习惯的继续；有一位塞尔维亚的女同学参加了这件事，她就是米列娃·玛里奇(Mileva Maric)，后来我同她结了婚。

我热情而又努力地在韦伯教授的物理实验室里工作。盖塞(Geiser)教授关于微分几何的讲授也吸引了我，这是数学艺术的真正杰作，在我后来为建立广义相对论的努力中帮了我很大的忙。不过在这些学习的年代，高等数学并未引起我很大的兴趣。我错误地认为，这是一个有那么多分支的领域，一个人在它的任何一个部门中都很容易消耗掉他的全部精力。而且由于我的无知，我还认为，对于一个物理学家来说，只要明晰地掌握了数学基本概念以备应用，也就很够了；而其余的东西，对于物理学家来说，不过是不会有什么结果的枝节问题。这是一个我后来才很难过地发现到的错误。我的数学才能显然还不足以使我能够把中心的和基本的内容同那些没有原则重要性的表面部分区分开来。

在这些学习的年代里,我同一位同学格罗斯曼(Marcel Grossmann)建立了真正的友谊。每个星期我总同他去一次里马特河口的“都会”咖啡店,在那里,我同他不仅谈论学习,也谈论着睁着大眼的年轻人所感兴趣的一切。他不是像我这样一种流浪汉和离经叛道的怪人,而是一个浸透了瑞士风格同时又一点也没有丧失掉内心自主性的人。此外,他正好具有许多我所欠缺的才能:敏捷的理解能力,处理任何事情都井井有条。他不仅学习学校开设的同我们有关的所有课程,而且学习得如此出色,以致人们看到他的笔记本都自叹不及。在准备考试时,他把这些笔记本借给我,这对我来说,就像救命的锚。我无法想象,要是没有他的这些笔记本,我将会怎样。

虽然有了这种不可估量的帮助,且摆在我们面前的课程本身都是有意义的,但是我仍要花费很大的力气才能基本上学会这些东西。对于像我这样爱好沉思的人来说,大学教育并不总是有益的。无论多好的食物,若是强迫人们吃下去,总有一天会把胃口和肚子搞坏的。纯真的好奇心的火花会渐渐地熄灭。幸运的是,对我来说,这种智力的低落在我学习年代的幸福结束之后只持续了一年。

格罗斯曼作为我的朋友给我最大的帮助是这样一件事：在我毕业后大约一年左右，他通过他的父亲把我介绍给瑞士专利局（当时还叫作“精神财产局”）局长哈勒(Friedrich Haller)。经过一次详尽的面试之后，哈勒先生把我安置在那儿了。这样，在我一生中最富于创造性活动的1902—1909年这几年当中，我不用为生活而操心了。即使完全不考虑生活和收入的因素，这种明确规定技术专利权的工作，对我来说也是一种真正幸福的工作。它迫使我从事多方面的思考，它对物理的思索也有重大的激励作用。总之，对于我这样的人，这样一种职业就是一种绝大的幸福。因为学院生活会把一个年轻人置于一种被动的地位：不得不去写大量科学论文——结果是趋于浅薄，这只有那些具有坚强意志的人才能顶得住。然而大多数实际工作却完全不是这样，一个具有普通才能的人就能够完成人们所期待于他的工作。作为一个平民，他日常的生活并不靠特殊的智慧。如果他对科学深感兴趣，他就可以在他的本职工作之外埋头研究他所爱好的问题。他不必担心他的努力会毫无成果。我感谢格罗斯曼帮我找到这么幸运的工作。

关于在伯尔尼的那些愉快的年代里的科学生涯，在这里我只谈一件事，它显示出我这一生中最富有成果的思想。狭义相对论问世已有好几年。相对性原理是不是只局限于惯性系（即彼此相对做匀速运动的坐标系）呢？形式的直觉回答说："大概不！"然而，直到那时为止的全部力学的基础——惯性原理——看来却不允许把相对性原理做任何推广。如果一个人实际上处于一个（相对于惯性系）加速运动的坐标系中，那么一个"孤立"质点的运动相对于这个人就不是沿着直线而匀速的。那些从使人窒息的思维习惯中解放出来的人立即会问：这种行为能不能给我提供一个办法去分辨一个惯性系和一个非惯性系呢？他一定（至少是在直线等加速运动的情况下）会断定说：事情并非如此。因为人们也可以把相对于一个这样加速运动的坐标系的那种物体的力学行为解释为引力场作用的结果。这件事之所以可能，是由于这样的经验事实：在引力场中，各个物体的加速度同这些物体的性质无关，而都是相同的。这种知识

(等效原理)不仅有可能使得自然规律对于一个普遍的变换群,正如对于洛伦兹变换群那样,必须是不变的(相对性原理的推广),而且也有可能使得这种推广导致一个深入的引力理论。

这种思想在原则上是正确的,对此我没有丝毫怀疑。但是,要把它贯彻到底,看来有几乎无法克服的困难。首先,产生了一个初步考虑:向一个更广义的变换群过渡,同那个开辟了狭义相对论道路的时空坐标系的直接物理解释不相容。其次,暂时还不能预见到怎样去选择推广的变换群。实际上,我在等效原理这个问题上走过弯路,这里就不必提它了。

1909—1912 年,当我在苏黎世以及布拉格大学讲授理论物理学的时候,我不断地思考这个问题。1912 年,当我被聘请到苏黎世联邦理工学院任教时,我已很接近于解决这个问题了。在这里,闵可夫斯基(Hermann Minkowski)关于狭义相对论形式基础的分析显得很重要。这种分析归结为这样一条定理:四维空间有一个(不变的)准欧几里得度规,它决定着实验上可证实的空间度规特性和惯性原理,也决定着洛伦兹不变的方程组的形式。在这个空间中有一种特选的坐标系,即准笛卡儿坐标系,它在这里是唯一“自然的”坐标系(惯性系)。

等效原理使我们在这样的空间中引进非线性坐标变换,也就是非笛卡儿(曲线)坐标。这种准欧几里得度规因而具有普遍的形式:

$$ds^2 = \sum g_{ik} dx_i dx_k,$$

关于下标 i 和 k 从 1 到 4 累加起来。这些 g_{ik} 是四个坐标的函数,根据等效原理,它们除了度规之外也描述引力场。后者在这里是同任何特性无关的。因为它可以通过变换取

$$-dx_1^2 - dx_2^2 - dx_3^2 + dx_4^2$$

这样的特殊形式,这是要求一种 g_{ik} 同坐标无关的形式。在这种情况下,用 g_{ik} 来描述的引力场就可以被“变换掉”。一个孤立物体的惯性行为在上述特殊形式中就表现为一条(类时)直线。在普遍的形式中,同这种行为相对应的则是“短程线”。

这种陈述方式固然还是只涉及准欧几里得空间的情况,但它也指明了如何达到一般的引力场的道路。在这里,引力场还是用一种度规,即用一个对称张量场 g_{ik}

来描述的。因此，进一步的推广就仅仅在于如何满足这样的要求：这个场通过一种单纯的坐标变换而能成为准欧几里得的。

这样，引力问题就归结为一个纯数学的问题了。对于 g_{ik} 来说是否存在着一个对非线性坐标变换能保持不变的微分方程呢？这样的微分方程而且**只有**这样的微分方程才能是引力的场方程。后来，质点的运动定律就是由短程线的方程来规定的。

我头脑中带着这个问题，于 1912 年去找我的老同学格罗斯曼，那时他是苏黎世联邦理工学院的数学教授。这立即引起他的兴趣，虽然作为一个纯数学家，他对于物理学抱有一些怀疑的态度。当我们都还是大学生时，当我们在咖啡店里以习惯的方式相互交流思想时，他有一次曾经说过这样一句非常俏皮而又具有特色的话（我不能不在这里引用这句话）："我承认，我从学习物理当中也得到了某些实际的好处。当我从前坐在椅子上感觉到在我之前坐过这椅子的人所发出的热时，我总有点不舒服。但现在已经不介意这种事了，因为物理学告诉我，热是某种非个人的东西。"

就这样，他很乐意与我共同努力去解决这个问题，但是附有一个条件：他对于任何物理学的论断和解释都不承担责任。他查阅了文献并且很快发现，上面所提的数学问题早已专门由黎曼(Riemann)、里奇(Ricci)和勒维-契维塔(Levi-Civita)解决了，而全面发展是同高斯(Gauss)的曲面理论有关的，在该理论中第一次系统地使用了广义坐标系。其中黎曼的贡献最大。他指出如何从张量 g_{ik} 的场推导出二阶微分。由此可以看出，引力的场方程应该是怎么回事——假如要求对于一切广义的连续坐标变换群都是不变的。但是，要看出这个要求是正确的，可并非那么容易，尽管我相信已经找到了根据。这个思想虽然是错误的，却产生了结果，即这个理论在1916年终于以它的最后的形式出现了。

当我和我的老同学热情地共同工作的时候，我们谁也没有想到，一场小小的疾病竟会那么快地夺去这个优秀人物的生命。[①] 我需要在有生之年至少再一次表达我

---

① 格罗斯曼1878年4月9日生于布达佩斯，1936年9月7日病逝于苏黎世。——编译者注

对格罗斯曼的感激之情，这种必要性给了我勇气，让我写了出这篇杂乱无章的自述。

自从引力理论这项工作结束以来，到现在四十年过去了。这些岁月我几乎全部在为了从引力场理论推广到一个可以构成整个物理学基础的场论而绞尽脑汁。有许多人向着同一个目标而工作着。许多充满希望的推广我后来都一个个放弃了。但是最近十年终于找到一个在我看来是自然而又富有希望的理论。不过，我还是不能确信，我自己是否应当认为这个理论在物理学上是极有价值的，因为这个理论是以目前还不能克服的数学困难为基础的，而这种困难凡是应用任何非线性场论都会出现。此外，看来完全值得怀疑的是，一种场论是否能够解释物质的原子结构和辐射以及量子现象。大多数物理学家都是不假思索地用一个有把握的“否”字来回答，因为他们相信，量子问题在原则上要用另一类方法来解决。

问题究竟怎样,我们想起莱辛(Lessing)[1]的鼓舞人心的话:"为寻求真理的努力所付出的代价,总是比不担风险地占有它要高昂得多。"

(何成钧 译)

① 莱辛(G. E. Lessing, 1729—1781),德国的启蒙运动者、诗人和思想家。——编译者注

下　　篇

学习资源

Learning Resources

扩展阅读

书　名：相对论的意义

作　者：[美]爱因斯坦　著

译　者：李灏　译

出版社：北京大学出版社

目录

第四章　广义相对论(续)

附录Ⅰ　原著第二版附录

附录Ⅱ　非对称场的相对论性理论

附录Ⅲ　什么是相对论?

附录Ⅳ　我对反相对论公司的答复

数字课程

请扫描“科学元典”微信公众号二维码，收听音频。

思考题

1. 爱因斯坦是否是一个“好学生”,历来有很多争议。请联系实际,谈一谈你的看法。

2. 联合国把2005年定为“国际物理年”,德国、瑞士等国家把2005年定为“爱因斯坦年”,以纪念爱因斯坦100年前(1905年)对物理学发展所做出的重大贡献。请查找资料,写出1905年爱因斯坦发表的一系列论文的题目及其主要内容。

3. 爱因斯坦认为,牛顿理论在宇宙论方面遇到了什么困难?

4. 请查阅资料，了解迈克尔逊-莫雷实验的目的、方法和结论，以及它的影响。

5. 如何理解狭义相对论的"尺缩钟慢"效应？

6. 有人认为"狭义相对论被广义相对论推翻了"，爱因斯坦是如何回答这种说法的？

7. 请列出验证广义相对论的三个天文学证据。

8. 请写出爱因斯坦质能方程，并说明该方程的物理意义。

9. 如何理解爱因斯坦提出的光量子概念？

10. 爱因斯坦于 1921 年获得诺贝尔物理学奖，获奖原因是什么？请查阅资料，对"相对论是否应该获得诺贝尔奖"的各种观点进行评论。

阅读笔记

科学元典丛书

已出书目

1	天体运行论	[波兰] 哥白尼
2	关于托勒密和哥白尼两大世界体系的对话	[意] 伽利略
3	心血运动论	[英] 威廉·哈维
4	薛定谔讲演录	[奥地利] 薛定谔
5	自然哲学之数学原理	[英] 牛顿
6	牛顿光学	[英] 牛顿
7	惠更斯光论（附《惠更斯评传》）	[荷兰] 惠更斯
8	怀疑的化学家	[英] 波义耳
9	化学哲学新体系	[英] 道尔顿
10	控制论	[美] 维纳
11	海陆的起源	[德] 魏格纳
12	物种起源（增订版）	[英] 达尔文
13	热的解析理论	[法] 傅立叶
14	化学基础论	[法] 拉瓦锡
15	笛卡儿几何	[法] 笛卡儿
16	狭义与广义相对论浅说	[美] 爱因斯坦
17	人类在自然界的位置（全译本）	[英] 赫胥黎
18	基因论	[美] 摩尔根
19	进化论与伦理学(全译本)(附《天演论》)	[英] 赫胥黎
20	从存在到演化	[比利时] 普里戈金
21	地质学原理	[英] 莱伊尔
22	人类的由来及性选择	[英] 达尔文
23	希尔伯特几何基础	[德] 希尔伯特
24	人类和动物的表情	[英] 达尔文
25	条件反射：动物高级神经活动	[俄] 巴甫洛夫
26	电磁通论	[英] 麦克斯韦
27	居里夫人文选	[法] 玛丽·居里
28	计算机与人脑	[美] 冯·诺伊曼
29	人有人的用处——控制论与社会	[美] 维纳
30	李比希文选	[德] 李比希
31	世界的和谐	[德] 开普勒
32	遗传学经典文选	[奥地利] 孟德尔 等
33	德布罗意文选	[法] 德布罗意
34	行为主义	[美] 华生
35	人类与动物心理学讲义	[德] 冯特
36	心理学原理	[美] 詹姆斯
37	大脑两半球机能讲义	[俄] 巴甫洛夫
38	相对论的意义	[美] 爱因斯坦
39	关于两门新科学的对谈	[意] 伽利略

40 玻尔讲演录 [丹麦] 玻尔
41 动物和植物在家养下的变异 [英] 达尔文
42 攀援植物的运动和习性 [英] 达尔文
43 食虫植物 [英] 达尔文
44 宇宙发展史概论 [德] 康德
45 兰科植物的受精 [英] 达尔文
46 星云世界 [美] 哈勃
47 费米讲演录 [美] 费米
48 宇宙体系 [英] 牛顿
49 对称 [德] 外尔
50 植物的运动本领 [英] 达尔文
51 博弈论与经济行为（60 周年纪念版） [美] 冯·诺伊曼 摩根斯坦
52 生命是什么（附《我的世界观》） [奥地利] 薛定谔
53 同种植物的不同花型 [英] 达尔文
54 生命的奇迹 [德] 海克尔
55 阿基米德经典著作 [古希腊] 阿基米德
56 性心理学 [英] 霭理士
57 宇宙之谜 [德] 海克尔
58 圆锥曲线论 [古希腊] 阿波罗尼奥斯
化学键的本质 [美] 鲍林
九章算术（白话译讲） [汉] 张苍 耿寿昌

科学元典丛书（彩图珍藏版）

自然哲学之数学原理（彩图珍藏版） [英] 牛顿
物种起源（彩图珍藏版）（附《进化论的十大猜想》） [英] 达尔文
狭义与广义相对论浅说（彩图珍藏版） [美] 爱因斯坦
关于两门新科学的对话（彩图珍藏版） [意] 伽利略

科学元典丛书（学生版）

1 天体运行论（学生版） [波兰] 哥白尼
2 关于两门新科学的对话（学生版） [意] 伽利略
3 笛卡儿几何（学生版） [法] 笛卡儿
4 自然哲学之数学原理（学生版） [英] 牛顿
5 化学基础论（学生版） [法] 拉瓦锡
6 物种起源（学生版） [英] 达尔文
7 基因论（学生版） [美] 摩尔根
8 居里夫人文选（学生版） [法] 玛丽·居里
9 狭义与广义相对论浅说（学生版） [美] 爱因斯坦
10 海陆的起源（学生版） [德] 魏格纳
11 生命是什么（学生版） [奥地利] 薛定谔
12 化学键的本质（学生版） [美] 鲍林
13 计算机与人脑（学生版） [美] 冯·诺伊曼
14 从存在到演化（学生版） [比利时] 普里戈金
15 九章算术（学生版） [汉] 张苍 耿寿昌